Takashi Amano

Faszinierendes Aquarium
Landschaften unter Wasser

Prolog

Ich frage mich, mit welchen Vorstellungen die Götter all den Kreaturen Leben einhauchten, als sie die Erde schufen. Keinen Zweifel habe ich, daß die Götter ihre Liebe den Pflanzen- und Tierarten, die wir täglich sehen können, ebenso schenkten wie den Lebewesen, die wir durch ein Mikroskop betrachten müssen, um überhaupt ihre Existenz wahrzunehmen. Wenn ich ein Naturaquarium gestalte, folge ich vielleicht einem ähnlichen experimentell-kreativen Weg. Ein Aquarium ist eine kleine, in sich geschlossene Welt. Man gibt Sand in ein leeres Becken, füllt es mit Wasser und überlegt sich genau, wo jede einzelne Wasserpflanze zu plazieren ist. Man stellt sich vor, welche Mikroorganismen im Becken leben werden und wie Fische zwischen Wasserpflanzen auftauchen und wieder verschwinden. Ich lernte die Szenen und Vorbilder in der Natur kennen, indem ich sie beobachtete, für einen kurzen Augenblick oder über eine längere Zeit. Auf diese Weise wird dem kleinen Universum des Naturaquariums Leben eingehaucht, der Puls des komplexen ökologischen Systems der lebenden Geschöpfe fängt an zu schlagen und die natürliche Ordnung der Natur beginnt Gestalt anzunehmen.
Auf viele Fragen lassen sich Antworten in der Natur finden, dessen sind wir uns alle in unserem tiefsten Inneren bewußt. Der Zustand des Friedens, in den uns die Naturaquarien versetzen können, kommt vielleicht daher, daß wir eine Art Utopie friedlichen Zusammenlebens der Wesen im Aquarium erfahren.

Niigata, Frühjahr 1994 — Takashi Amano

Takashi Amano

Faszinierendes Aquarium

Landschaften unter Wasser

Naturbuch Verlag

Inhalt

Amanos Naturaquarium

Vorwort an den europäischen Leser

Als vor gut einem Jahr der erste Bildband von Takashi Amano auf Deutsch und Englisch erschien, waren die Reaktionen des westlichen Publikums geradezu überwältigend positiv. Während nun nach so kurzer Zeit schon die zweite überarbeitete Auflage des ersten Bandes und neue ausländische Ausgaben vorbereitet werden, freue ich mich, Ihnen den zweiten Band von Takashi Amano mit zahlreichen neuen, wunderschönen Aquarienaufnahmen vorstellen zu können.
Amanos Methode, Aquarien einzurichten und zu photographieren, hat inzwischen Nachahmer gefunden – nicht nur in Japan. Uns erreichen Anfragen aus vielen Ländern. Ausführliche Besprechungen in namhaften Zeitschriften haben zahlreiches Lob, viele Anregungen und Fragen aufgeworfen, z.B. über technische Details, Pflegebedingungen und die Yamatonuma-Garnele *(Caridina japonica)*. Hunderte von Einträgen zum Thema Amano und Pflanzenaquarien im Internet zeugen davon, daß Amanos Werk die Herzen zahlreicher Aquarianer in aller Welt bewegt.
Vor kurzem konnte sich erstmals eine größere Gruppe westlicher Fachleute bei der Firma Aqua Design Amano in Japan persönlich von der lebendigen Schönheit der Naturaquarien vor Ort überzeugen. Sie hatten große Erwartungen, die dennoch übertroffen wurden. Zudem erfuhren sie auch viele faszinierende Details, wie z.B. die exakte gefühlvolle Abstimmung der zahlreichen Parameter, den besonderen Einsatz von CO_2 oder die Aufgaben der Yamatonuma-Garnelen als perfektem Algenfresser, die zudem aufgrund ihrer Sensibilität als ideales CO_2-Meß„gerät" fungieren.
Wie der aufmerksame Leser schon an den technischen Daten und den Pflegehinweisen erkennen kann, sind solch feinziselierte Naturaquarien nicht mühelos zu schaffen und zu erhalten. Amano arbeitet ohne Tricks oder Geheimrezepte. Allerdings ist er Perfektionist und hat die Gabe, die komplexen biologischen und technischen Zusammenhänge in seinen Unterwassergärten so exakt aufeinander abzustimmen, daß nahezu optimale „natürliche" Lebensbedingungen erreicht werden. Aber auch das ist ihm nicht genug, denn er schafft eine eigene Welt im Glase, indem er die Natur mit menschlicher Schaffenskraft künstlerisch überhöht und stilisiert.
Dies wird nicht von jedem Betrachter sofort verstanden. So zeugt die Bemerkung eines wissenschaftlich orientierten Buchrezensenten, daß *Anubia* nicht in ein der Nil-Unterwasserlandschaft nachempfundenes Becken gehöre, von Unverständnis gegenüber Amanos Anliegen. Solche Kritik geht an der Sache ebenso vorbei wie der an sich zutreffende Satz gegenüber van Gogh, daß echte Sonnenblumen doch ganz anders aussehen als die in seinem weltberühmten Meisterwerk. Gleiches gilt für einen anderen Vorwurf, nämlich daß Amanos Becken nur kurzfristig für das Photo präpariert seien (was übrigens beim Holländischen Aquarium selbstverständlich ist) und seine Aquarien nur für Tage so aussehen wie auf dem Photo. Genauso ist es. Eine exakte Imitation der Natur strebt Amano nicht an. Seine Unterwasserlandschaften verändern sich permanent und ein Photo kann nur eine Momentaufnahme sein. Fast ein Gemeinplatz zu betonen, daß Natur und alles Menschenwerk – also auch Aquarien – ständiger Veränderung unterworfen sind. Allerdings ist die jahrelange Stabilität der Amano'schen Aquarien bei fachgerechter Pflege beeindruckend, was die Photoserien offensichtlich derselben Aquarien in zeitlichen Abständen dokumentieren.
Auch zu den Texten scheinen mir einige Erläuterungen zum besseren Verständnis nützlich. Erlauben Sie mir einen kleinen Exkurs in Sprache und Schrift und somit in Denken und Weltanschauung der Japaner.
Auch in Japan dienen Sprache und Schrift selbstverständlich dem Austausch von Informationen. Aber dies ist nach japanischem Empfinden nicht deren einzige, nicht einmal wichtigste Funktion. Wenn der Japaner ein Wort oder Schriftzeichen verwendet, dann sind Gefühl, Ästhetik, Klang, Assoziation und weitere Elemente mindestens ebenso wichtige Aspekte wie deren unmittelbarer Wortsinn. Das japanische Schlüsselwort heißt hier Gefühl (jap. kimochi). Stimmt kimochi, ist die Wortbedeutung des Wortes zweitrangig. Das kennen und nutzen natürlich viele Menschen und Dichter auf aller Welt. Dennoch ist in Asien, vor allem in Sprachräumen, wo Schriftzeichen verwendet werden (insbesondere China und Japan), diese Haltung besonders verbreitet. Schon die Kinder werden durch die zahlreichen Homophone (Gleichklänge) der Sprache und die vielerlei Bedeutungen eines einzigen Schriftzeichens von Kindesbeinen an gezwungen, diesen Aspekt zu verinnerlichen.
Nur ein Beispiel hierfür: Das japanische Wort für Aquarium kann man in unserer Schrift „Sui So" schreiben. Die beiden entsprechenden Kanjis (chin. Schriftzeichen) können „Wasser-Becken" bedeuten. Aber für das Wort „Sui" gibt es noch mehr als 10 weitere Schreibweisen (Kanjis) mit mindestens ebensovielen verschiedenen Bedeutungsfeldern. Für die Silbe „So" gibt es sage und schreibe über 130 verschiedene Schreibweisen und Bedeutungen. So entstehen aus zwei Silben buchstäblich tausende von Kombinations- und Interpretationsmöglichkeiten. Dieses Phänomen macht die japanische Schrift und Sprache außerordentlich schwierig, aber auch aufgrund ihrer Vieldeutigkeit und Variationsmöglichkeiten zu einem Faszinosum der menschlichen Kommunikation.
Der geneigte Leser möge nun die nachfolgenden Bilder und Texte nicht zu westlich zu begreifen versuchen – im Sinne von Greifen und Definieren sondern in aller Ruhe betrachten, genießen und seine eigene Phantasie und Interpretationskraft einsetzen. Er wird daraus nicht nur viel Freude gewinnen, sondern manches Bild auch als Anregung zu schöpfersichem Gestalten im eigenen (Unterwasser-) Garten verstehen und sich eine faszinierende Welt eröffnen, in der sich Natur und menschliches Know How harmonisch miteinander verbinden.

Auhof, Hohenthann, Februar 1996 — Bernhard Wallner

Das Goldfischglas

Ein Goldfischglas in charakteristischer Farbe, zylindrisch, mit drei Standbeinen in Form von Löwenpfoten und verziert mit Juwelen. Es handelt sich um ein Gefäß aus der mittleren Meiji-Epoche. Der Rand ist Glas, aufgefaltet in grünen und blauen Farbtönen. In seiner altertümlichen Gestaltung erfreut es sich auch heute noch großer Beliebtheit. Es vermittelt den Eindruck, als wäre es der Anfang aller Goldfischgläser. Dieses Bild entstand in dem herrschaftlichen Haus eines wohlhabenden Bauern aus der Meiji-Epoche und vermittelt ein wenig von der Atmosphäre der damaligen Zeit.

Muramatsu, April 1991

Die Produktion von Sauerstoff

Die Form der durch Photosynthese der Wasserpflanzen erzeugten Sauerstoffblasen hängt von der Art der Pflanze ab, die sie bildet. Es gibt ganz unterschiedliche Muster: einige der entstehenden Formen sind komplex und ähneln Weihnachtsbaumdekorationen, andere wiederum sind ganz groß und aufgebläht wie große Reklameluftschiffe. Der Augenblick der Entstehung von Sauerstoff, eingefangen mit dem Sucher einer Kamera, als Ursprung und Geburt von Leben ist voller Rätsel und versetzt den Betrachter in eine phantastische euphorische Stimmung.

Gedicht

Das kleinste Naturaquarium enthält nur einen Liter Wasser. Dieses Becken besitzt keinen Filter. Sauerstoff wird durch Riccia fluitans *an das Wasser abgegeben. Obwohl es so klein ist, stimmt die Ökologie im Becken. Da sich am Beckenboden kein Sand befindet, wurden die Stengel der Wasserpflanzen auf Matten geflochten.*

Aufnahme: Oktober 1993
Beckengröße: 10 x 10 x 10 cm
Inhalt: 1 l
Einrichtung/Pflege
 Beleuchtung: 1 x 15 W
 Beleuchtungsdauer: 10 Std./Tag
 Filter: -
 Bodengrund: -
 CO_2-Düngung: mit Luftschlauch
 Wasserwechsel: 4/5 täglich
Wasserwerte
 Temperatur: 25 °C
 pH-Wert: 7,0
 Gesamthärte (GH): 2 °dH
 Karbonathärte (KH): 2 °dH
Fische:
 Rasbora maculata
Pflanzen:
 Riccia fluitans, Ludwigia arcuata, Micranthemum micranthemoides

150㎜

Präludium

Bereits bei einer Wassermenge von drei Litern werden viele verschiedene Bilder möglich. Hier habe ich eine große Farbigkeit erzielt, indem ich rote Stränge von Rotala indica *und* Rotala macrandra *als Kontrast zum Grün verwendete. Weil es keinen Bodengrund gibt, werden wieder Matten verwendet.*

Aufnahme: Oktober 1993
Beckengröße: 15 x 15 x 15 cm
Inhalt: 3 l
Einrichtung/Pflege
- Beleuchtung: 1 x 20 W
- Beleuchtungsdauer: 10 Std./Tag
- Filter: -
- Boden: -
- CO_2-Düngung: Zerstäuberglas
- Wasserwechsel: 4/5 täglich

Wasserwerte
- Temperatur: 25 °C
- pH-Wert: 7,0
- Gesamthärte (GH): 2 °dH
- Karbonathärte (KH): 2 °dH

Fische:
- *Paracheirodon innesi*

Pflanzen:
- *Riccia fluitans, Hemianthus micranthemoides, Rotala indica, Rotala macrandra, Lagarosiphon madagascariensis*

250mm

Phantasie

In einem 10-Liter-Aquarium kann man schon einen Außenfilter verwenden und die Pflege ist einfacher. Um dieses kleine Aquarium wesentlich größer erscheinen zu lassen als es in Wirklichkeit ist, arrangiert man die Pflanzen sorgfältig mit Hilfe von feinen Pinzetten. In dem Becken eines solchen Miniaturaquariums erscheinen die Sauerstoffblasen sogar noch funkelnder.

Aufnahme: Oktober 1993
Beckengröße: 25 x 20 x 20 cm
Inhalt: 10 l
Einrichtung/Pflege
- Beleuchtung: 1 x 30 W
- Beleuchtungsdauer: 10 Std./Tag
- Filter: Außenfilter
- Bodengrund: Meeressand mit Düngerzusatz
- CO_2-Düngung: Zerstäuberglas und Blasenzähler (1 Blase alle 5 Sekunde)
- Wasserwechsel: 1/2 täglich

Wasserwerte
- Temperatur: 26 °C
- pH-Wert: 7,0
- Gesamthärte (GH): 2 °dH
- Karbonathärte (KH): 2 °dH

Fische:
- *Rasbora heteromorpha espei*

Pflanzen:
- *Riccia fluitans, Micranthemum micranthemoides, Ludwigia arcuata, Rotala macrandra, Lysimachia nummularia* var. *aurea, Eusteralis verticillata, Rotala indica*

250mm

Zwischenspiel

Bei einer Wassermenge von zehn Litern ist eine größere Gestaltungsvielfalt möglich. Ich versuche, Steingärten zu schaffen, indem ich kleine versteinerte Holzstücke aussuche, die ich von Zeit zu Zeit sammle. Wenn Fische in unauffälligen Farben in solch einer Umgebung schwimmen, entsteht ein fröhlicher Eindruck.

Aufnahme: Oktober 1993
Beckengröße: 25 x 20 x 20 cm
Inhalt: 10 l
Einrichtung/Pflege:
- Beleuchtung: 1 x 30 W
- Beleuchtungsdauer: 10 Std./Tag
- Filter: Außenfilter
- Bodengrund: Meeressand mit Düngerzusatz
- CO_2-Düngung: Zerstäuberglas und Blasenzähler (1 Blase alle 5 Sekunde)
- Wasserwechsel: 1/2 täglich

Wasserwerte:
- Temperatur: 27 °C
- pH-Wert: 6,9
- Gesamthärte (GH): 2 °dH
- Karbonathärte (KH): 2 °dH

Fische
- *Rasbora dorsiocellata*

Pflanzen
- unbekannt

Sinfonie

In der Reihe der Miniaturaquarien faßt das Größte fünfundzwanzig Liter. Darin kann man schon recht vielfältige Landschaftsbilder darstellen. Mit der Verwendung farbiger, langstieliger Wasserpflanzen wurde hier räumliche Tiefe gewonnen.

Aufnahme: September 1993
Beckengröße: 34 x 30 x 25 cm
Inhalt: 25 l
Einrichtung/Pflege
- Beleuchtung: 3 x 27 W
- Beleuchtungsdauer: 10 Std./Tag
- Filter: Außenfilter
- Bodengrund: Meeressand mit Düngerzusatz
- CO_2-Düngung: Zerstäuberglas und Blasenzähler (1 Blase pro Sekunde)
- Wasserwechsel: 1/3 alle 5 Tage

Wasserwerte
- Temperatur: 26 °C
- pH-Wert: 6,8
- Gesamthärte (GH): 3 °dH
- Karbonathärte (KH): 3 d°H

Fische:
- *Papiliochromis ramirezi* var.

Pflanzen:
- *Cyperus helferi, Alternanthera sessilis, Ammania senegalensis, Myriophyllum mutogrossense, Lagarosipohn madascariensis, Riccia fluitans, Micranthemum micranthemoides, Micranthemum umbrosum, Glossostigma elatinoides, Ludwigia arcuata, Rotala macrandra, Lysimachia nummularia* var. *aurea, Eusteralis verticillata, Rotala indica*

Ein Naturaquarium, geschaffen in einer der kleinsten Standardgrößen, einem 12-Liter-Becken. Es ist nicht so schwierig, ein lebendig wirkendes Aquarium mit einem Fassungsvermögen von kaum mehr als zehn Litern zu gestalten. Da das Aquarium selbst klein ist, ist der entscheidende Punkt, es viel größer erscheinen zu lassen.

Aufnahme: Juli 1992
Beckengröße: 31 x 18 x 24 cm
Inhalt: 12 l
Einrichtung/Pflege
- Beleuchtung: 2 x 27 W
- Beleuchtungsdauer: 10 Std./Tag
- Filter: Außenfilter
- Bodengrund: Meeressand mit Düngerzusatz
- CO_2-Düngung: Zerstäuberglas und Blasenzähler (1 Blase alle 2 Sekunde)
- Wasserwechsel: 1/2 alle 3 Tage

Wasserwerte
- Temperatur: 26 °C
- pH-Wert: 6,8
- Gesamthärte (GH): 3 °dH
- Karbonathärte (KH): 4 °dH

Fische:
- *Aplocheilichthys normani*

Pflanzen:
- *Eleochalis acicularis, Microsorium sp., Riccia fluitans, Micranthemum micranthemoides, Glossostigma elatinoides, Ludwigia arcuata*

Lichtung im Wasserpflanzenwald

Um eine Aquarienansicht größer erscheinen zu lassen, muß man buschige Pflanzen mit kleinen Blättern verwenden. Rasbora maculata *ist für ein Aquarium wie dieses besonders geeignet.*

Licht und Schatten

Wenn man in einem Miniaturaquarium versäumt, die Wasserpflanzen zurückzuschneiden, werden sie beginnen zu wuchern und im Nu die Wasseroberfläche durchstoßen. In der dichten Vegetation kommen die bezaubernden Farben von Paracheirodon axelrodi *besonders gut zur Geltung.*

Aufnahme: September 1993
Beckengröße: 31 x 18 x 24 cm
Inhalt: 12 l
Einrichtung/Pflege
- Beleuchtung: 2 x 27 W
- Beleuchtungsdauer: 10 Std./Tag
- Filter: Außenfilter
- Bodengrund: Meeressand mit Düngerzusatz
- CO_2-Düngung: Zerstäuberglas und Blasenzähler, (1 Blase pro Sekunde)
- Wasserwechsel: 1/3-1/2 wöchentlich

Wasserwerte
- Temperatur: 26 °C
- pH-Wert: 6,8
- Gesamthärte (GH): 3 °dH
- Karbonathärte (KH): 3 °dH

Fische:
- *Paracheirodon axelrodi*

Pflanzen:
- *Eleochalis acicularis, Riccia fluitans, Micranthemum micranthemoides, Didiplis diandra, Micranthemum umbrosum, Ludwigia arcuata, Lagarosiphon madagascariensis*

Ein kleines Wäldchen ohne zusätzliche Elemente. Allein die Kombination und Abstimmung der Pflanzen bestimmen diese einfache Komposition. Weder Holz noch Steine fanden Verwendung. Lediglich mit Wasserpflanzen läßt sich so ein schlichtes und doch elegantes Bild schaffen.

Aufnahme: Dezember 1992
Beckengröße: 31 x 18 x 24 cm
Inhalt: 12 l
Einrichtung/Pflege
- Beleuchtung: 2 x 27 W
- Beleuchtungsdauer: 10 Std./Tag
- Filter: Außenfilter, Filtersand mit großer Oberfläche, Oberflächenreiniger
- Bodengrund: Meeressand mit Düngerzusatz
- CO_2-Düngung: Zerstäuberglas und Blasenzähler (1 Blase pro Sekunde)
- Wasserwechsel: 1/3 wöchentlich

Wasserwerte
- Temperatur: 26 °C
- pH-Wert: 6,8
- Gesamthärte (GH): 2 °dH
- Karbonathärte (KH): 3 °dH

Fische:
- *Hemigrammus* sp.

Pflanzen:
- *Echinodorus tenellus, Riccia fluitans, Micranthemum micranthemoides, Eleochalis acicularis, Rotala* sp., *Hydrocotyle* sp.

Am Waldesrand

Hier wurden Wasserpflanzen mit ganz feinen Blättern, überwiegend Ludwigia arcuata, *Perlgras und* Glossostigma *eingesetzt. Indem das Becken diagonal zur linken Hälfte ausgefüllt und durch ein wirkungsvoll plaziertes Stück Holz der Eindruck von Schatten erzeugt wird, erscheint dieses Zwölf-Liter-Becken um ein Vielfaches größer als es tatsächlich ist.*

Aufnahme: August 1993
Beckengröße: 31 x 18 x 24 cm
Inhalt: 12 l
Einrichtung/Pflege
- Beleuchtung: 2 x 27 W
- Beleuchtungsdauer: 10 Std./Tag
- Einrichtung/Pflege
- Filter: Außenfilter
- Bodengrund: Meeressand mit Düngerzusatz
- CO_2-Düngung: Zerstäuberglas und Blasenzähler (1 Blase pro Sekunde)
- Wasserwechsel: 1/2 wöchentlich

Wasserwerte
- Temperatur: 26 °C
- pH-Wert: 6,9
- Gesamthärte (GH): 2 °dH
- Karbonathärte (KH): 3 °dH

Fische:
- *Megalamphodus roseus*

Pflanzen:
- *Glossostigma elatinoides, Fontinalis antipyretica, Micranthemum micranthemoides, Ludwigia arcuata*

Tümpel in freier Natur

Die Pflanzenwelt eines Naturaquariums ähnelt stark der eines Tümpels. Um das Wachstum und die Entwicklung von Wasserpflanzen beobachten zu können, ist ein Aquarium der geeignetere Ort. In diesem Fall kam das Bild durch einen Glücksfall zustande. Im allgemeinen ist das Wasser in Tümpeln sehr trüb, ein klarer Bereich ist tatsächlich sehr selten.

Katahigashi, September 1990

Der Duft des Sommergrases

Wenn ich vom Duft sommerlichen Grases umgeben bin, habe ich das intensive Empfinden, lebendig zu sein. Es ist ein Duft, der mich auf eine ganz eigene Art anspricht.
Was ist eigentlich mit dem Begriff Sommergras gemeint? Ich assoziiere damit das frische, saftige, wilde Gras am Sommeranfang. Dieses Photo entstand während eines leichten Sprühregens am Fuße des Berges Sumon. Die durch und durch nassen Blätter vermitteln einem das intensive Gefühl, das Leben selbst einzuatmen.

Sumon, Juli 1991

Szene mit Guppies

Wie auf einer grünen Bühne tanzen die Guppies miteinander und tragen dazu farbige wallende Gewänder. Menschen, die an natürlich wirkenden Landschaftsbildern Freude haben, gestalten die Bühne nach dem Lebensraum des Fisches, den sie für die Hauptrolle ausgewählt haben.

Aufnahme: Dezember 1992
Beckengröße: 40 x 30 x 26 cm
Inhalt: 18 l
Einrichtung/Pflege
- Beleuchtung: 2 x 27 W
- Beleuchtungsdauer: 10 Std./Tag
- Filter: Außenfilter, Filtersand mit großer Oberfläche
- Bodengrund: Meeressand mit Düngerzusatz
- CO_2-Düngung: Zerstäuberglas und Blasenzähler (1 Blase pro Sekunde)
- Wasserwechsel: 1/2 wöchentlich

Wasserwerte
- Temperatur: 26 °C
- pH-Wert: 7,0
- Gesamthärte (GH): 3°
- Karbonathärte (KH): 3°

Fische:
- *Poecilia reticulata* var.

Pflanzen:
- *Riccia fluitans, Micranthemum micranthemoides, Micranthemum umbrosum, Didiplis diandra, Cyperus helferi, Rotala indica*

Kleiner Steingarten

Gestaltungen mit Steinen finden sich immer wieder in meinen Naturaquarien. Solche Beispiele für kleine Aquarien werden im folgenden häufig gezeigt. Da Riccia fluitans *und* Eleochalis acicularis *von Natur aus gemeinsam in den Reisfeldern Japans vorkommen, passen sie auch gut nebeneinander in ein Aquarium.*

Aufnahme: Januar 1993
Beckengröße: 40 x 30 x 26 cm
Inhalt: 18 l
Einrichtung/Pflege
- Beleuchtung: 2 x 27 W
- Beleuchtungsdauer: 12 Std./Tag
- Filter: Außenfilter, Filtersand mit großer Oberfläche
- Bodengrund: Meeressand mit Düngerzusatz
- CO_2-Düngung: Zerstäuberglas und Blasenzähler (1 Blase pro Sekunde)
- Wasserwechsel: 1/3 wöchentlich

Wasserwerte
- Temperatur: 25 °C
- pH-Wert: 6,9
- Gesamthärte (GH): 4°
- Karbonathärte (KH): 4°

Fische:
- *Paracheirodon simulans*

Pflanzen:
- *Riccia fluitans, Eleochalis acicularis*

Volle Blüte in Karminrot

In diesem Aquarium bestimmen die herbstlichen Farben der zentral gepflanzten Rotala macrandra *das Gesamtbild. Eingebettet zwischen Büschen aus* Micranthemum micranthemoides *und* Riccia fluitans *wachsen die Blätter von* Marsilea angustifolia *üppig und schaffen Tiefenwirkung.*

Aufnahme: Oktober 1992
Beckengröße: 40 x 30 x 26 cm
Inhalt: 18 l
Einrichtung/Pflege
  Beleuchtung: 2 x 27 W
  Beleuchtungsdauer: 13 Std./Tag
  Filter: Außenfilter, Filtersand mit großer Oberfläche
  Bodengrund: Meeressand mit Düngerzusatz
  CO_2-Düngung: Zerstäuberglas und Blasenzähler (1 Blase pro Sekunde)
  Wasserwechsel: 1/2 wöchentlich
Wasserwerte
  Temperatur: 26 °C
  pH-Wert: 6,8
  Gesamthärte (GH): 3°
  Karbonathärte (KH): 4°
Fische:
  Nanostomus marginatus, Carnegiella marthae, Carnegiella strigata, Corydoras hastatus, Tateurndina ocellicauda
Pflanzen:
  Marsilea angustifolia, Hydrocotyle verticillata var., *Riccia fluitans, Micranthemum micrathemoides, Rotala macrandra, Eleochalis acicularis, Micranthemum umbrosum*

Entwurf eines japanischen Gartens

Bäume und Steine lassen sich in einem kleinen Aquarium nach dem Vorbild japanischer Gärten plazieren. Der Kontrast zwischen den Rot- und Grüntönen, den Steinen und die Abstände zwischen einzelnen Gruppen entsprechen dem japanischen Geschmack und Stilempfinden.

Aufnahme: März 1992
Beckengröße: 45 x 30 x 30 cm
Inhalt: 35 l
Einrichtung/Pflege
- Beleuchtung: 4 x 27 W
- Beleuchtungsdauer: 10 Std./Tag
- Filter: Außenfilter, Filtersand mit großer Oberfläche
- Bodengrund: Meeressand mit Düngerzusatz
- CO_2-Düngung: Zerstäuberglas und Blasenzähler (1 Blase pro Sekunde)
- Wasserwechsel: 1/2 wöchentlich

Wasserwerte
- Temperatur: 26 °C
- pH-Wert: 6,9
- Gesamthärte (GH): 5°
- Karbonathärte (KH): 4°

Fische:
- *Paracheirodon simulans, Pterophyllum scalare, Tateurndina ocellicauda*

Pflanzen:
- *Echinodorus tenellus, Didiplis diandra, Ludwigia arcuata, Micranthemum micrathemoides, Ludwigia arcuata, Eusteralis yatabeana*

Grüner Schatten

In der Mitte und der linken Hälfte des Beckens findet sich ein Arrangement von Fontinalis antipyretica, *das sich um ein Wurzelstück schlingt. Bei dieser Gestaltung legte ich den Schwerpunkt auf die Mitte des Beckens. Bei der Gestaltung der Umgebung wurde mir bewußt, daß der Entwurf unausgewogen ist, da die Wurzel das Gesamtbild zu stark dominiert.*

Aufnahme: März 1992
Beckengröße: 45 x 30 x 30 cm
Inhalt: 35 l
Einrichtung/Pflege
- Beleuchtung: 3 x 27 W
- Beleuchtungsdauer: 12 Std./Tag
- Filter: Außenfilter, Filtersand mit großer Oberfläche
- Bodengrund: Meeressand mit Düngerzusatz
- CO_2-Düngung: Zerstäuberglas und Blasenzähler (1 Blase pro Sekunde)
- Wasserwechsel: 1/3 alle 5 Tage

Wasserwerte
- Temperatur: 27 °C
- pH-Wert: 6,8
- Gesamthärte (GH): 2°
- Karbonathärte (KH): 2°

Fische:
- *Nematobrycon lacartei*

Pflanzen:
- *Echinodorus tenellus, Fontinalis antipyretica, Microsorium pteropus, Ludwigia arcuata, Micranthemum micranthemoides, Cyperus helferi, Rotala macrandra, Riccia fluitans*

Grüne Bergschlucht

Um ein kleines Aquarium so groß wie möglich erscheinen zu lassen, sollten die Bereiche, die dicht bepflanzt sind und die offenen Räume dynamisch und ausgewogen erscheinen. Hier wurden große und kleine Steinen aus einem Flußbett in Form einer Bergschlucht zusammengefügt.

Aufnahme: März 1993
Beckengröße: 45 x 30 x 30 cm
Inhalt: 35 l
Einrichtung/Pflege
- Beleuchtung: 3 x 27 W
- Beleuchtungsdauer: 11 Std./Tag
- Filter: Außenfilter, Filtersand mit großer Oberfläche, Bambusholzkohle
- Bodengrund: Meeressand mit Düngerzusatz
- CO_2-Düngung: Zerstäuberglas und Blasenzähler (1 Blase pro Sekunde)
- Wasserwechsel: 1/3 wöchentlich

Wasserwerte
- Temperatur: 26 °C
- pH-Wert: 6,9
- Gesamthärte (GH): 4°dH
- Karbonathärte (KH): 4°dH

Fische:
- *Hemigrammus* sp., *Trichopsis pumila*, *Oryzias* sp.

Pflanzen:
- *Glossostigma elatinoides, Riccia fluitans, Micranthemum micranthemoides, Fontinalis antipyretica, Microsorium pteropus, Didiplis diandra, Ludwigia arcuata*

Wasserpflanzensinfonie

Langstielige Wasserpflanzen in lebendigen Farben wurden in nach Farben geordneten Gruppen gepflanzt. Das erzeugt eine perspektivische Wirkung. Wenn Wasserpflanzen sich gegenseitig vorteilhaft ergänzen, führen sie eine Sinfonie aus Farben und Formen auf.

Aufnahme: April 1992
Beckengröße: 45 x 30 x 30 cm
Inhalt: 35 l
Einrichtung/Pflege
  Beleuchtung: 3 x 27 W
  Beleuchtungsdauer: 12 Std./Tag
  Filter: Außenfilter, Filtersand mit großer Oberfläche
  Bodengrund: Meeressand mit Düngerzusatz
  CO_2-Düngung: Zerstäuberglas und Blasenzähler (1 Blase pro Sekunde)
  Wasserwechsel: 1/3 wöchentlich
Wasserwerte
  Temperatur: 26 °C
  pH-Wert: 6,8
  Gesamthärte (GH): 3 °dH
  Karbonathärte (KH): 3 °dH
Fische:
  Hemigrammus pulcher
Pflanzen:
  Riccia fluitans, Mayaca fluviatilis, Microsorium pteropus, Didiplis daindra, Cabomba australis, Ludwigia arcuata, Rotala macrandra, Rotala wallichii, Lymnophila aquatica

---

Die Pracht von Brokat

Eine Anlage mit verschiedenen farbenprächtigen Wasserpflanzen. Bei einem quadratischen Aquarium, das man von zwei Seiten betrachten kann, sollte man eine dreieckige Pflanzordnung in Erwägung ziehen. Bei diesem Aquarienbild ist der Aufbau im Grunde ganz einfach, wobei die Vielfalt der Wasserpflanzen ein buntes Bild wie von Brokatstoff ergeben.

Aufnahme: November 1992
Beckengröße: 40 x 40 x 40 cm
Inhalt: 64 l
Einrichtung/Pflege
- Beleuchtung: 3 x 27 W
- Beleuchtungsdauer: 12 Std./Tag
- Filter: Außenfilter, Filtersand mit großer Oberfläche
- Bodengrund: Meeressand mit Düngerzusatz
- CO_2-Düngung: Zerstäuberglas und Blasenzähler (2 Blasen pro Sekunde)
- Wasserwechsel: 1/3 alle 5 Tage

Wasserwerte
- Temperatur: 26 °C
- pH-Wert: 6,8
- Gesamthärte (GH): 3°dH
- Karbonathärte (KH): 3°dH

Fische:
- *Carnegiella strigata, Carnegiella marthae, Hemigrammus pulcher, Thayeria boehlkei*

Pflanzen:
- *Glossostigma elatinoides, Eleochalis acicularis, Hydrocotyle verticillata* var., *Echinodorus latifolius, Potamogeton gayii Cardamine lyrata, Hygrophila difformis, Hygrophila polysperma, Bacopa myriophylloides, Vallisneria* sp., *Ludwigia inclinata, Dorimalia cordata, Alternanthera sessilis, Bacopa monnieri Myriophyllum matagrossense, Rotala macrandra, Eusteralis stellata*

Schlichte Landschaft

Eine Komposition mit zwei Treibholzstücken und einigen Steinen aus einem Flußbett. Da hier nur Cryptocorynen *gepflanzt wurden, scheinen Originalität und Charakter zu fehlen. Betrachtet man sie jedoch aus einem anderen Blickwinkel, wirkt sie als geschlossene Landschaft, die einen ganz einzigartigen Charme besitzt.*

Aufnahme: August 1993
Beckengröße: 40 x 40 x 40 cm
Inhalt: 64 l
Einrichtung/Pflege
- Beleuchtung: 2 x 27 W
- Beleuchtungsdauer: 10 Std./Tag
- Filter: Topfaußenfilter, Filtersand mit großer Oberfläche, Bambusholzkohle
- Bodengrund: Meeressand mit Düngerzusatz
- CO_2-Düngung: Zerstäuberglas und Blasenzähler (1 Blase pro Sekunde)
- Wasserwechsel: 1/2 alle 10 Tage

Wasserwerte
- Temperatur: 25 °C
- pH Wert: 6,7
- Gesamthärte (GH): 3 °dH
- Karbonathärte (KH): 3 °dH

Fische:
- *Puntius* sp.

Pflanzen:
- *Cryptocoryne wendtii, Cr. lucens, Cr. affinis, Cr. parva, Cr. costata, Fontinalis antipyrethica*

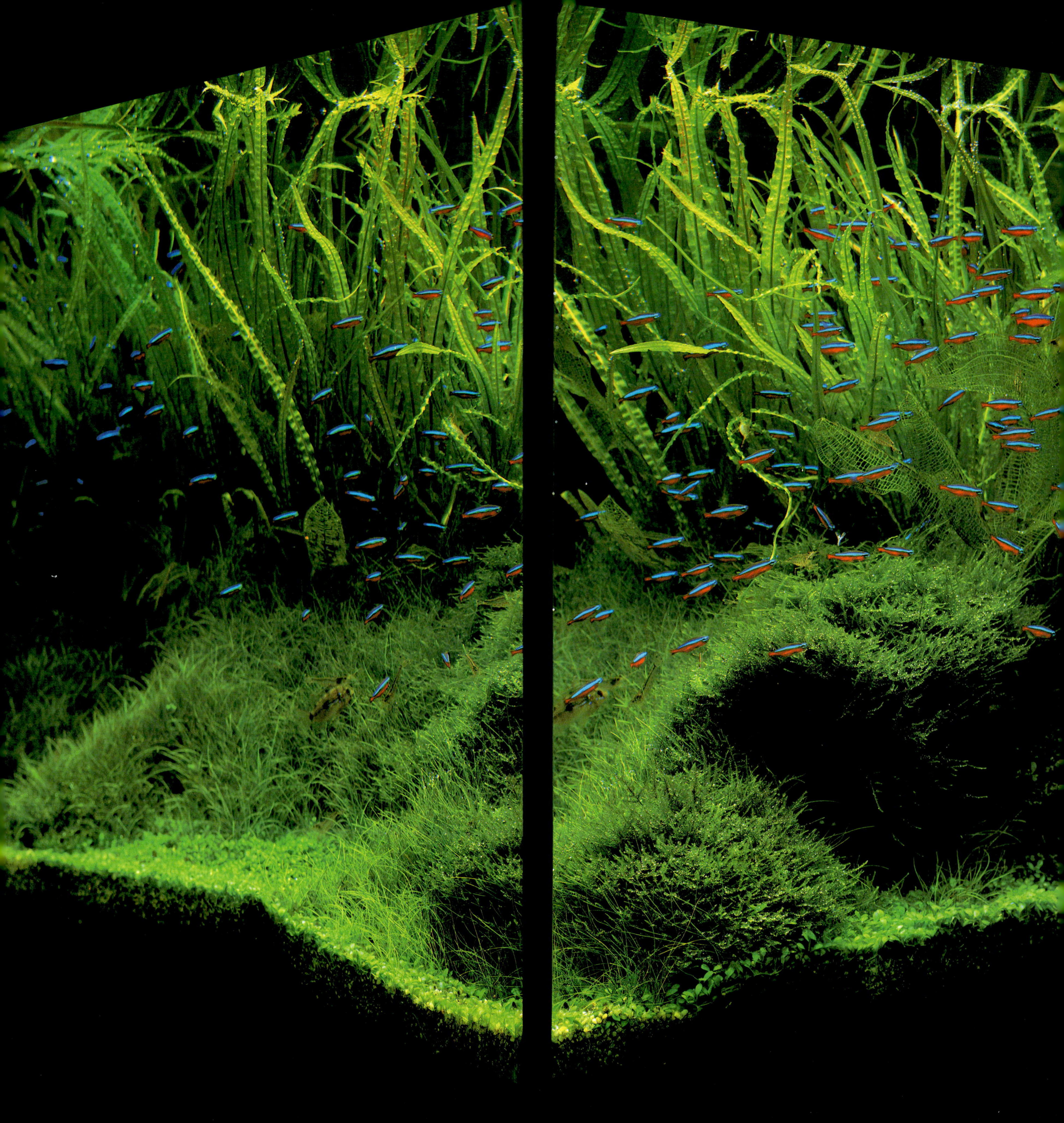

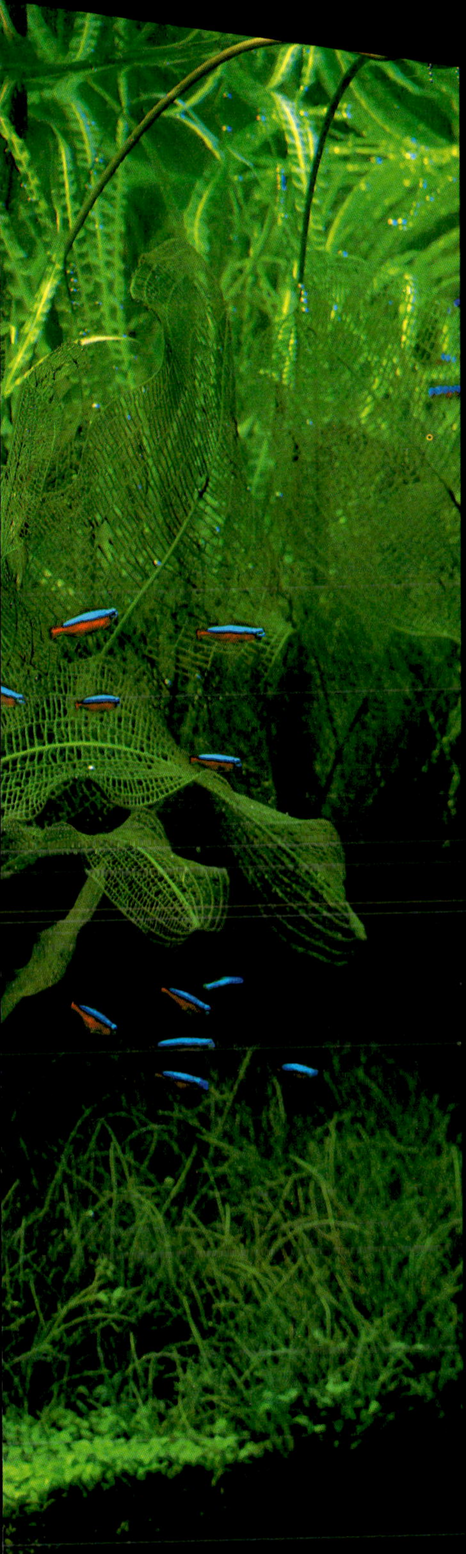

Üppiggrüne Pracht

In diesem Aquarium mit Pflanzen wie Cryptocoryne balansae *und* Fontinalis antipyretica *sind die verschiedenartigen Schattierungen des tiefen Grüns das Hauptthema. Im Vordergrund belebt ein klar festgelegter freier Raum die ansonsten eher ruhig wirkende Komposition.*

Aufnahme: Juni 1992
Beckengröße: 55 x 55 x 55 cm
Inhalt: 160 l
Einrichtung/Pflege
- Beleuchtung: 150 W (HQI)
- Beleuchtungsdauer: 12 Std./Tag
- Filter: Topfaußenfilter, Filtersand mit großer Oberfläche, Bambusholzkohle
- Bodengrund: Meeressand mit Düngerzusatz
- CO_2-Düngung: Zerstäuber und Reaktor (3 Blasen pro Sekunde)
- Wasserwechsel: 1/3 wöchentlich

Wasserwerte
- Temperatur: 25 °C
- pH-Wert: 6,2
- Gesamthärte (GH): 2 °dH
- Karbonathärte (KH): 2 °dH

Fische:
- *Paracheirodon axelrodi, Anomalochromis thomasi*

Pflanzen:
- *Glossostigma elatinoides, Hemianthus micrathemoides, Fontinalis antipyretica, Aponogeton madagascariensis, Cryptocoryne balansae*

Karmesinrote Blätterpracht

Zwei große Steine aus einem Flußbett wurden diagonal positioniert, um eine geneigte Oberfläche zu schaffen. Riccia fluitans *wurde mit kleinen Steinen auf dem Boden des Aquariums befestigt. Nachdem sie angewachsen war, wurden die Knollen von* Barclaya longifolia *(rot) eingesetzt. Jetzt befinden sich die roten Blätter in farblicher Balance zum Grün.*

Aufnahme: Juli 1993
Beckengröße: 55 x 55 x 55 cm
Inhalt: 160 l
Einrichtung/Pflege
- Beleuchtung: 150 W (HQI)
- Beleuchtungsdauer: 12 Std./Tag
- Filter: Topfaußenfilter, Filtersand mit großer Oberfläche, Bambusholzkohle
- Bodengrund: Meeressand mit Düngerzusatz
- Green Gain
- CO_2-Düngung: Zerstäuber und Reaktor (3 Blasen pro Sekunde)
- Wasserwechsel: 1/2 alle 10 Tage

Wasserwerte
- Temperatur: 26 °C
- pH-Wert: 6,8
- Gesamthärte (GH): 4 °dH
- Karbonathärte (KH): 5 °dH

Fische:
- *Paracheirodon simulans, Papiliochromis ramirezi*

Pflanzen:
- *Riccia fluitans, Barclaya longifolia* (rot)

Herbstszene im Fluß

Eine Reihe roter Wasserpflanzen, die sich vom Hintergrund des Beckens bis in den mittleren Bereich erstreckt, läßt ein Bild aus regenbogenfarbenen Herbstblättern entstehen. Japanisches Herbstlaub ist weltberühmt und im Spätherbst bietet sich in den Bergen eine wunderschöne farbenfrohe Kulisse.

Aufnahme: Januar 1992
Beckengröße: 55 x 55 x 55 cm
Inhalt: 160 l
Einrichtung/Pflege
- Beleuchtung: 150 W (HQI)
- Beleuchtungsdauer: 12 Std./Tag
- Filter: Topfaußenfilter, Filtersand mit großer Oberfläche
- Bodengrund: Meeressand mit Düngerzusatz
- CO_2-Düngung: Zerstäuber und Reaktor (3 Blasen pro Sekunde)
- Wasserwechsel: 1/3 wöchentlich

Wasserwerte
- Temperatur: 26 °C
- pH-Wert: 6,8
- Gesamthärte (GH): 3 °dH
- Karbonathärte (KH): 4 °dH

Fische:
- *Petitella georgiae, Aphyocharax rathbuni, Hyphessobrycon callistus, Thayeria boehlkei*

Pflanzen:
- *Echinodorus tenellus, Riccia fluitans, Hydrocotyle verticillata* var., *Micranthemum micranthemoides, Didiplis diandra, Micranthemum umbrosum, Rotala macrandra, Myriophyllum matagrossense*

Aufnahme: März 1993
Beckengröße: 55 x 55 x 55 cm
Inhalt: 160 l
Einrichtung/Pflege
  Beleuchtung: 150 W (HQI)
  Beleuchtungsdauer: 12 Std./Tag
  Filter: Topfaußenfilter, Filtersand mit großer Oberfläche
  Bodengrund: Meeressand mit Düngerzusatz
  CO_2-Düngung: Zerstäuber und Reaktor (4 Blasen pro Sekunde)
  Wasserwechsel: 1/3 alle 5 Tage
Wasserwerte
  Temperatur: 25 °C
  pH-Wert: 6,9
  Gesamthärte (GH): 3 °dH
  Karbonathärte (KH): 3 °dH
Fische:
  Melanotaenia lacustris
Pflanzen:
  Echinodorus tenellus, Hydrotriche hottoniiflora, Crassula helmsii, Fontinalis antipyretica, Sagittaria graminea var. *platyphylla, Cyperus helferi, Riccia fluitans, Rotala* sp. *Eichhornia diversifolia, Limnophila aquatica, Ammannia gracilis, Rotala macrandra, Bacopa caroliniana, Rotala indica, Shinnersia rivularis*

Smaragdgrünes Schmuckstück

In dieser Anlage, die von drei Seiten einsehbar ist, verwendete ich eine Quecksilberleuchte. Wenn das Aquarium auch von oben zu betrachten ist, wird die ästhetische Wirkung dieser Komposition wesentlich erhöht. Auf dem Bild sind auch Teile zu sehen, die gewöhnlicherweise unsichtbar sind. Der dreidimensionale Effekt wird durch die langblättrigen Wasserpflanzen noch verstärkt.

Hochragendes Brachsenkraut

Die Blätter der zarten, aus Japan stammenden Isoetes japonica *erscheinen unter Wasser noch schmaler als sie tatsächlich sind. Diese Pflanze gibt uns ein Gefühl von erfrischender Kühle und ist eine der wenigen, die hervorragend zur Sommerzeit passt. Da ich in dieser Komposition ausschließlich grüne Wasserpflanzen verwendete, habe ich sehr darauf geachtet, daß die hoch aufragende* Isoetes japonica *nicht zu sehr die Pflanzenlandschaft dominiert.*

Aufnahme: Dezember 1992
Beckengröße: 55 x 55 x 55 cm
Inhalt: 12 l
Einrichtung/Pflege
- Beleuchtung: 2 x 27 W
- Beleuchtungsdauer: 12 Std./Tag
- Filter: Topfaußenfilter, Filtersand mit großer Oberfläche
- Bodengrund: Meeressand mit Düngerzusatz
- CO_2-Düngung: Zerstäuber und Reaktor (3 Blasen pro Sekunde)
- Wasserwechsel: 1/3 wöchentlich

Wasserwerte
- Temperatur: 25 °C
- pH-Wert: 6,8
- Gesamthärte (GH): 3 °dH
- Karbonathärte (KH): 4 °dH

Fische:
- *Sawbwa resplendens*

Pflanzen:
- *Glossostigma elatinoides, Cryptocoryne lucens, Fontinalis antipyretica, Isoetes japonica, Riccia fluitans, Lagenandra thwaitessi, Vallisneria* sp.

Undurchdringlicher Wald

Die dicht gepflanzte Myriophyllum matogrossense *vermittelt dem Betrachter den Eindruck eines Waldes. Ich bevorzuge Kompositionen mit einem Hintergrund aus feinfiedrigen Pflanzen wie diesen. Der Eindruck eines dichten Waldes ist leicht zu stören. Es ist schwierig, hier die richtige Anordnung zu finden.*

Aufnahme: Dezember 1992
Beckengröße: 31 x 18 x 24 cm
Inhalt: 12 l
Einrichtung/Pflege
- Beleuchtung: 2 x 27 W
- Beleuchtungsdauer: 12 Std./Tag
- Filter: Topfaußenfilter, Filtersand mit großer Oberfläche
- Bodengrund: Meeressand mit Düngerzusatz
- CO_2-Düngung: Zerstäuber und Reaktor (3 Blasen pro Sekunde)
- Wasserwechsel: 1/3 wöchentlich

Wasserwerte
- Temperatur: 26 °C
- pH-Wert: 6,8
- Gesamthärte (GH): 2 °dH
- Karbonathärte (KH): 3 °dH

Fische:
- *Paracheirodon simulans*

Pflanzen:
- *Glossostigma elatinoides, Cryptocoryne wendtii, Microsorium pteropus, Anubias barteri* var. *barteri, Myriophyllum matogrossense, Rotala indica*

Tanz der Skalare

Dies ist eine einfache und offen komponierte Landschaft, in der das tiefe Grün von Anubias barteri var. nana *und die von* Riccia fluitans *aufsteigenden Sauerstoffbläschen eine phantastische Welt schaffen. Als Fischbesatz wurde für dieses Becken* Pterophyllum scalare *ausgewählt, deren schlichte Schönheit den Betrachter verzaubert.*

Aufnahme: Januar 1992
Beckengröße: 60 x 30 x 36 cm
Inhalt: 56 l
Einrichtung/Pflege
- Beleuchtung: 4 x 20 W
- Beleuchtungsdauer: 12 Std./Tag
- Filter: Topfaußenfilter, Filtersand mit großer Oberfläche
- Bodengrund: Meeressand mit Düngerzusatz
- CO_2-Düngung: Zerstäuberglas und Blasenzähler (2 Blasen pro Sekunde)
- Wasserwechsel: 1/3 täglich

Wasserwerte
- Temperatur: 26 °C
- pH-Wert: 6,9
- Gesamthärte (GH): 3 °dH
- Karbonathärte (KH): 4 °dH

Fische:
- *Pterophyllum scalare*

Pflanzen:
- *Glossostigma elatinoides, Anubias barteri* var. *nana, Riccia fluitans, Eleochalis acicularis, Sagittaria subulata* var. *pusilla*

Farbige Herbstimpression

Diese natürlich wirkende Aquarienlandschaft wirkt wegen der langstieligen Wasserpflanzen verschiedenster Farben höchst ungewöhnlich. Da ausschließlich langstielige Wasserpflanzen verwendet wurden, sieht das ganze Innenleben etwas unordentlich aus. Fünf dunkle Steine aus einem Flußbett wurden wirkungsvoll plaziert und intensivieren die Gesamtwirkung.

Aufnahme: September 1993
Beckengröße: 60 x 30 x 36 cm
Inhalt: 56 l
Einrichtung/Pflege
- Beleuchtung: 4 x 20 W
- Beleuchtungsdauer: 12 Std./Tag
- Filter: Topfaußenfilter, Filtersand mit großer Oberfläche
- Bodengrund: Meeressand mit Düngerzusatz
- CO_2-Düngung: Zerstäuberglas und Blasenzähler (2 Blasen pro Sekunde)
- Wasserwechsel: 1/2 wöchentlich

Wasserwerte
- Temperatur: 25 °C
- pH-Wert: 7,0
- Gesamthärte (GH): 3 °dH
- Karbonathärte (KH): 4 °dH

Fische:
- *Priapella intermedia, Inpaichthys kerri*

Pflanzen:
- *Glossostigma elatinoides, Micranthemum micranthemoides, Lagarosiphon madagascariensis, Rotala wallichii, Didiplis diandra, Micranthemum umbrosum, Rotala macrandra, Dorimalia cordata, Myriophyllum matogrossense, Myriophyllum hippuroides, Nesaea* sp. „Rotblattring", *Eusteralis stellata, Eusteralis verticillata, Ludwigia ovaris, Ammannia gracilis, Bacopa caroliniana, Alternanthera sessilis*

Rote Wasserkelche

In der Mitte dieser Szene befinden sich mehrere rote langblättrige Cryptocorynen. *Da die Blattunterseiten von* Cryptocoryne affinis, Cryptocoryne cordata *und* Cryptocoryne blassii *besonders schön sind, wurden Steine und Holz so gelegt, daß man die Blätter auch von unten betrachten kann.*

Aufnahme: Oktober 1993
Beckengröße: 60 x 30 x 36 cm
Inhalt: 56 l
Einrichtung/Pflege
- Beleuchtung: 4 x 20 W
- Beleuchtungsdauer: 10 Std./Tag
- Filter: Topfaußenfilter, Filtersand mit großer Oberfläche,
- Bodengrund: Meeressand mit Düngerzusatz
- CO_2-Düngung: Zerstäuberglas und Blasenzähler (2 Blasen pro Sekunde)
- Wasserwechsel: 1/2 wöchentlich

Wasserwerte
- Temperatur: 25 °C
- pH-Wert: 6,8
- Gesamthärte (GH): 2 °dH
- Karbonathärte (KH): 2 °dH

Fische:
- *Rasbora heteromorpha*

Pflanzen:
- *Cryptocoryne parva, Cryptocoryne cordata, Cryptocoryne affinis, Cryptocoryne lucens, Cryptocoryne blassii, Fontinalis antipyretica*

Komposition im Stil eines japanischen Gartens

In diesem Aquarium wurden Steine im traditionellen Stil japanischer Gärten als „Sanzoniwagumi" angeordnet (Gruppe von drei Steinen). Micranthemum micranthemoides *wurde in die Mitte der Anlage gepflanzt und die Form durch mehrmaligen Rückschnitt erreicht. Im unteren Bereich der Anlage befindet sich* Marsilea angustifolia, *deren Blätter einen weiteren starken Akzent setzen.*

Aufnahme: April 1993
Beckengröße: 60 x 30 x 36 cm
Inhalt: 56 l
Einrichtung/Pflege
- Beleuchtung: 4 x 20 W
- Beleuchtungsdauer: 10 Std./Tag
- Filter: Topfaußenfilter, Filtersand mit großer Oberfläche,
- Bodengrund: Meeressand mit Düngerzusatz
- CO_2 Düngung: Zerstäuberglas und Blasenzähler (2 Blasen pro Sekunde)
- Wasserwechsel: 1/2 wöchentlich

Wasserwerte
- Temperatur: 26 °C
- pH Wert: 7,0
- Gesamthärte (GH): 3 °dH
- Karbonathärte (KH): 4 °dH

Fische:
- *Megalamphodus roseus, Hyphessobrycon amandae*

Pflanzen:
- *Marsilea angustifolia, Micranthemum micranthemoides*

Tanzende Sonnenstrahlen

Wenn die zentral plazierte Rotala wallichii *vom Licht beschienen wird, erstrahlt sie in einem wunderschönen zarten Rosa.* Thayeria boehlkei *sind zwar von sehr schlichter Farbe, doch dafür paßt ihre ruhige und elegante Schwimmweise ausgezeichnet zum Stil dieses Aquariums.*

Aufnahme: Juli 1992
Beckengröße: 60 x 30 x 36 cm
Inhalt: 56 l
Einrichtung/Pflege
- Beleuchtung: 4 x 20 W
- Beleuchtungsdauer: 10 Std./Tag
- Filter: Topfaußenfilter, Filtersand mit großer Oberfläche,
- Bodengrund: Meeressand mit Düngerzusatz
- CO_2-Düngung: Zerstäuberglas und Blasenzähler (2 Blasen pro Sekunde)
- Wasserwechsel: 1/2 wöchentlich

Wasserwerte
- Temperatur: 26 °C
- pH-Wert: 6,9
- Gesamthärte (GH): 3 °dH
- Karbonathärte (KH): 3 °dH

Fische:
- *Thayeria boehlkei*

Pflanzen:
- *Glossostigma elatinoides, Echinodorus tenellus, Riccia fluitans, Eleochalis acicularis, Rotala wallichii, Nymphaea stellata, Cardamine lyrata, Limnophila arcuata, Eichhornia diversifolia, Cyperus helferi*

Gebirge

Die Kombination von fossilem Holz und Glossostigma elatinoides *erinnert an eine hohe Gebirgskette. Nach meinem Empfinden harmonieren Gestalt und Form, aber auch die Farben der beiden sehr gut.* Paracheirodon axelrodi *ist wie geschaffen für diese Landschaft.*

Aufnahme: April 1993
Beckengröße: 60 x 30 x 36 cm
Inhalt: 56 l
Einrichtung/Pflege
- Beleuchtung: 4 x 20 W
- Beleuchtungsdauer: 10 Std./Tag
- Filter: Topfaußenfilter, Filtersand mit großer Oberfläche,
- Bodengrund: Meeressand mit Düngerzusatz
- CO_2-Düngung: Zerstäuberglas und Blasenzähler (2 Blasen pro Sekunde)
- Wasserwechsel: 1/2 wöchentlich

Wasserwerte
- Temperatur: 25 °C
- pH-Wert: 6,8
- Gesamthärte (GH): 4 °dH
- Karbonathärte (KH): 5 °dH

Fische:
- *Paracheirodon axelrodi*

Pflanzen:
- *Glossostigma elatinoides*

Sinfonie in Rot und Grün

Beim Einsetzen der Wasserpflanzen sollte man darauf achten, wie rote mit grünen Pflanzen kombiniert werden. Zuviel Rot in der Komposition erscheint zu kräftig, wohingegen zuwenig Rot den Eindruck hinterläßt, als würde etwas fehlen. Ein Mangel an roten Pflanzen kann allerdings durch vermehrten Einsatz von roten Fischen ausgeglichen werden.

Aufnahme: Juni 1993
Beckengröße: 60 x 30 x 36 cm
Inhalt: 56 l
Einrichtung/Pflege
- Beleuchtung: 4 x 20 W
- Beleuchtungsdauer: 10 Std./Tag
- Filter: Topfaußenfilter, Filtersand mit großer Oberfläche
- Bodengrund: Meeressand mit Düngerzusatz
- CO_2-Düngung: Zerstäuberglas und Blasenzähler (2 Blasen pro Sekunde)
- Wasserwechsel: 1/2 wöchentlich

Wasserwerte
- Temperatur: 25 °C
- pH-Wert: 6,9
- Gesamthärte (GH): 2 °dH
- Karbonathärte (KH): 2 °dH

Fische:
- *Megalamphodus sweglesi*

Pflanzen:
- *Glossostigma elatinoides, Riccia fluitans, Eleochalis acicularis, Micranthemum micranthemoides, Myriophyllum elatinoides, Cabomba piauhyensis, Limnophila aquatica*

Geheimnisvoller Wald

Grüne Pflanzenstreifen, die von Myriophyllum matogrossense *durchsetzt sind, benötigen gewöhnlicherweise wenig Farbe. Wenn eine Komposition farblich dezent ist, rücken die verschiedenartigen Blattformen in den Vordergrund und bilden den interessanten Teil der Anlage.*

Aufnahme: Oktober 1992
Beckengröße: 60 x 30 x 36 cm
Inhalt: 56 l
Einrichtung/Pflege
- Beleuchtung: 4 x 20 W
- Beleuchtungsdauer: 12 Std./Tag
- Filter: Topfaußenfilter, Filtersand mit großer Oberfläche, Bacter 100, Aktivkohle
- Bodengrund: Meeressand
- CO_2-Düngung: Zerstäuberglas (1 Blase pro Sekunde)
- Wasserwechsel: 1/3 wöchentlich

Wasserwerte
- Temperatur: 25 °C
- pH-Wert: 6,8
- Gesamthärte (GH): 3 °dH
- Karbonathärte (KH): 3 °dH

Fische:
- *Aplocheilichtys normani*, *Rasbora* sp.

Pflanzen:
- *Marsilea angustifolia*, *Hydrocotyle* sp., *Micranthemum micranthemoides*, *Fontinalis antipyretica*, *Riccia fluitans*, *Hydrocotyle verticillata* var., *Myriophyllum matogrossense*, *Microsorium pteropus*, *Myriophyllum hippuroides*, *Lagarosiphon madagascariensis*

Leuchtend karmesinrote Fische

Im Vordergrund dieser Anlage befindet sich im großen freien Raum ein Feld von Glossostigma elatinoides. *Dicht gepflanzter* Cyperus helferi *im Hintergrund erweckt den Eindruck einer Sommerwiese. Auf der linken und rechten Seite der Komposition befinden sich zwei Wurzelstücke, die ein harmonisches Ganzes entstehen lassen.*

Aufnahme: Februar 1993
Beckengröße: 60 x 30 x 36 cm
Inhalt: 56 l
Einrichtung/Pflege
- Beleuchtung: 4 x 20 W
- Beleuchtungsdauer: 12 Std./Tag
- Filter: Topfaußenfilter, Filtersand mit großer Oberfläche
- Bodengrund: Meeressand mit Düngerzusatz
- CO_2-Düngung: Zerstäuberglas und Blasenzähler (2 Blasen pro Sekunde)
- Wasserwechsel: 1/3 alle 10 Tage

Wasserwerte
- Temperatur: 26 °C
- pH-Wert: 6,8
- Gesamthärte (GH): 4 °dH
- Karbonathärte (KH): 4 °dH

Fische:
- *Puntius titteya*

Pflanzen:
- *Glossostigma elatinoides, Riccia fluitans, Eleocharis acicularis, Cryptocoryne costata, Cyperus helferi, Fontinalis antipyretica, Isoetes japonica*

Grüne Konturen

Mein Ziel war hier, eine Steilküste mit Terrassenfeldern anzudeuten. In diesem Aquarium besticht ausschließlich die Schönheit der Wasserpflanzen.

Aufnahme: März 1992
Beckengröße: 60 x 30 x 36 cm
Inhalt: 56 l
Einrichtung/Pflege
- Beleuchtung: 4 x 20 W
- Beleuchtungsdauer: 12 Std./Tag
- Filter: Topfaußenfilter, Filtersand mit großer Oberfläche,
- Bodengrund: Meeressand
- CO_2-Düngung: Zerstäuberglas und Blasenzähler (2 Blasen pro Sekunde)
- Wasserwechsel: 1/2 wöchentlich

Wasserwerte
- Temperatur: 25 °C
- pH-Wert: 6,9
- Gesamthärte (GH): 3 °dH
- Karbonathärte (KH): 4 °dH

Fische:
- *Megalamphodus megalopterus, Hemigrammus pulcher, Megalamphodus roseus*

Pflanzen:
- *Echinodorus tenellus, Marsilea angustifolia, Glossostigma elatinoides, Utricularia gibba* sp., *Eleochalis acicularis, Hydrocotyle verticillata* var., *Micranthemum micranthemoides, Micranthemum umbrosum, Barclaya longifolia* (rot), *Alternanthera sessilis* var. *lilacina, Sagittaria* sp.

Frühling zur Blütezeit

Wenn der Frühling kommt, beginnen die Pflanzen zu wachsen und zu blühen. In diesem Aquarium scheinen die Skalare *zwischen dem Grün der Wasserpflanzen regelrecht zu tanzen und dies dank des von den Pflanzen produzierten Sauerstoffs wirklich zu genießen. Der Höhepunkt des Frühlings ist nun erreicht. Zu dieser Zeit kann man das Lied jedes einzelnen Lebewesens hören.*

Aufnahme: Januar 1992
Beckengröße: 60 x 30 x 36 cm
Inhalt: 56 l
Einrichtung/Pflege
- Beleuchtung: 4 x 20 W
- Beleuchtungsdauer: 10 Std./Tag
- Filter: Topfaußenfilter, Filtersand mit großer Oberfläche
- Bodengrund: Meeressand mit Düngerzusatz
- CO_2-Düngung: Zerstäuberglas und Blasenzähler (2 Blasen pro Sekunde)
- Wasserwechsel: 1/3 alle 5 Tage

Wasserwerte
- Temperatur: 26 °C
- pH-Wert: 6,9
- Gesamthärte (GH): 3 °dH
- Karbonathärte (KH): 3 °dH

Fische:
- *Pterophyllum scalare*

Pflanzen:
- *Echinodorus tenellus, Microsorium pteropus, Micranthemum micranthemoides, Fontinalis antipyretica, Ludwigia inclinata, Didiplis diandra, Myriophyllum matogrossense, Crassula helmsii*

Komposition in Kugelform

Fotos von Aquarien werden gewöhnlicherweise mit Standardobjektiven gemacht, also mit 50 mm Brennweite. In diesem Aquarium jedoch entstand durch die Blätter von Cryptocoryne balansae, *die sich auf der Wasseroberfläche ausbreiteten, ein recht ungewohnter Eindruck, den ich unbedingt festhalten wollte. Ich verwendete deswegen ein Weitwinkelobjektiv und erreichte damit, daß die ganze Komposition ein wenig verzerrt und fremdartig erscheint.*

Aufnahme: Oktober 1993
Beckengröße: 60 x 30 x 36 cm
Inhalt: 56 l
Einrichtung/Pflege
- Beleuchtung: 4 x 20 W
- Beleuchtungsdauer: 10 Std./Tag
- Filter: Topfaußenfilter, Filtersand mit großer Oberfläche,
- Bodengrund: Meeressand mit Düngerzusatz
- CO_2-Düngung: Zerstäuberglas und Blasenzähler (1 Blase pro Sekunde)
- Wasserwechsel: 1/3 wöchentlich

Wasserwerte
- Temperatur: 26 °C
- pH-Wert: 6,7
- Gesamthärte (GH): 3 °dH
- Karbonathärte (KH): 4 °dH

Fische:
- *Rasbora maculata, Sawbwa resplendens*

Pflanzen:
- *Cryptocoryne nevillii, Cryptocoryne lucens, Cryptocoryne balansae, Cryptocoryne affinis, Cryptocoryne wendtii*

Unterwasserszene mit Fels

Wenn in einem 60 cm großen Aquarium ein Fels zu massiv wirken könnte, plaziere ich ihn meistens in der Mitte der Anlage. So erreiche ich, daß der Fels durch die ihn umgebenden Wasserpflanzen und Fische optisch verkleinert wird.

Aufnahme: Juli 1993
Beckengröße: 60 x 30 x 36 cm
Inhalt: 56 l
Einrichtung/Pflege
- Beleuchtung: 4 x 20 W
- Beleuchtungsdauer: 10 Std./Tag
- Filter: Topfaußenfilter, Filtersand mit großer Oberfläche,
- Bodengrund: Meeressand mit Düngerzusatz
- CO_2-Düngung: Zerstäuberglas und Blasenzähler (2 Blasen pro Sekunde)
- Wasserwechsel: 1/3-1/2 wöchentlich

Wasserwerte
- Temperatur: 25 °C
- pH-Wert: 6,7
- Gesamthärte (GH): 2 °dH
- Karbonathärte (KH): 4 °dH

Fische:
- *Carnegiella strigata, Hemigrammus pulcher, Hyphessobrycon herbertaxelrodi*

Pflanzen:
- *Glossostigma elatinoides, Echinodorus tenellus, Eleochalis acicularis, Micranthemum micranthemoides, Cryptocoryne wendtii, Saururus cernuus, Micranthemum umbrosum, Alternanthera sessilis, Echinodorus parviflorus* „Tropica", *Bacopa caroliniana, Lysimachia nummularia, Lysimachia nummularia* var. *aurea, Ammannia senegalensis, Eichhornia natans, Eusteralis stellata, Cryptocoryne balansae, Hygrophila stricta, Rotala* sp.

Lichtspiele unter Wasser

Riccia fluitans *ist eine der Wasserpflanzen, bei der während der Photosynthese sehr viele Luftbläschen entstehen. In der Nacht gibt diese bemerkenswerte Wasserpflanze die meisten Luftbläschen ab. Das Aufsteigen der funkelnden Luftbläschen im Innern des Aquariums erinnert an das Aufflackern der Straßenlaternen am Abend.*

Aufnahme: September 1992
Beckengröße: 60 x 30 x 36 cm
Inhalt: 56 l
Einrichtung/Pflege
- Beleuchtung: 4 x 20 W
- Beleuchtungsdauer: 13 Std./Tag
- Filter: Topfaußenfilter, Filtersand mit großer Oberfläche
- Bodengrund: Meeressand mit Düngerzusatz
- CO_2-Düngung: Zerstäuberglas und Blasenzähler (2 Blasen pro Sekunde)
- Wasserwechsel: 1/2 alle 10 Tage

Wasserwerte
- Temperatur: 25 °C
- pH-Wert: 7,0
- Gesamthärte (GH): 4 °dH
- Karbonathärte (KH): 4 °dH

Fische:
- *Moenkhausia pittieri, Aphyocharax rathbuni*

Pflanzen:
- *Glossostigma elatinoides, Riccia fluitans, Eleochalis acicularis, Barclaya longifolia* (rot)

Geräusche des Waldes

In dieser Komposition erzeugen die hellen Farben der langstieligen Wasserpflanzen eine farbenfrohe Wirkung. Die Pflanzen erstrecken sich von der Mitte bis zur rechten Seite in den Hintergrund der Anlage und sind stufenförmig angeordnet. Fontinalis antipyretica *rankt sich hier um ein aufragendes Holzstück und stärkt wirkungsvoll den Gesamteindruck.*

Aufnahme: Februar 1992
Beckengröße: 60 x 30 x 36 cm
Inhalt: 56 l
Einrichtung/Pflege
- Beleuchtung: 4 x 20 W
- Beleuchtungsdauer: 14 Std./Tag
- Filter: Topfaußenfilter, Filtersand mit großer Oberfläche
- Bodengrund: Meeressand mit Düngerzusatz
- CO_2-Düngung: Zerstäuberglas und Blasenzähler (2 Blasen pro Sekunde)
- Wasserwechsel: 1/3 alle 5 Tage

Wasserwerte
- Temperatur: 26 °C
- pH-Wert: 6,9
- Gesamthärte (GH): 4 °dH
- Karbonathärte (KH): 3 °dH

Fische:
- *Petitella georgiae, Megalamphodus sweglesi*

Pflanzen:
- *Glossostigma elatinoides, Eleochalis acicularis, Didiplis diandra, Microsorium pteropus, Ludwigia arcuata, Micranthemum micranthemoides, Fontinalis antipyretica, Eusteralis yatabeana, Myriophyllum matogrossense, Mayaca sellowiana*

Sommerbrise

Wenn es eine Pflanze gibt, die einem das Gefühl der Frische des Sommers sehr gut vermitteln kann, dann ist das Cyperus helferi. *In dieser Anlage dominiert sie den Hintergrund und wird im vorderen Bereich von* Riccia fluitans, Echinodorus tenellus *und* Eleocharis acicularis *durchdrungen. Durch diese Zusammenstellung wird ein spätsommerliches Bild erzeugt.*

Aufnahme: September 1993
Beckengröße: 60 x 30 x 36 cm
Inhalt: 56 l
Einrichtung/Pflege
- Beleuchtung: 4 x 20 W
- Beleuchtungsdauer: 9 Std./Tag
- Filter: Topfaußenfilter, Filtersand mit großer Oberfläche
- Bodengrund: Meeressand mit Düngerzusatz
- CO_2-Düngung: Zerstäuberglas und Blasenzähler (1 Blase pro Sekunde)
- Wasserwechsel: 1/3-1/2 wöchentlich

Wasserwerte
- Temperatur: 26 °C
- pH-Wert: 6,9
- Gesamthärte (GH): 5 °dH
- Karbonathärte (KH): 5 °dH

Fische:
- *Tanichthys albonubes*

Pflanzen:
- *Marsilea angustifolia, Riccia fluitans, Echinodorus tenellus, Eleochalis acicularis, Cyperus helferi*

Tautropfen am Flußufer

Viele begeisterte Aquarianer genießen es, ihr Aquarium zu beobachten und empfinden den Anblick von aufsteigenden Sauerstoffbläschen als einen der faszinierendsten überhaupt. Natürlich gibt es sehr viele Möglichkeiten, ein Aquarium so zu gestalten, daß aufsteigende Blasen ein fester Bestandteil davon sind. Das hier gezeigte Beispiel ist eines unter vielen.

Aufnahme: Juli 1993
Beckengröße: 60 x 30 x 36 cm
Inhalt: 56 l
Einrichtung/Pflege
- Beleuchtung: 4 x 20 W
- Beleuchtungsdauer: 11 Std./Tag
- Filter: Topfaußenfilter, Filtersand mit großer Oberfläche
- Bodengrund: Meeressand mit Düngerzusatz
- CO_2-Düngung: Zerstäuberglas und Blasenzähler (2 Blasen pro Sekunde)
- Wasserwechsel: 1/3 wöchentlich

Wasserwerte
- Temperatur: 26 °C
- pH-Wert: 6,8
- Gesamthärte (GH): 3 °dH
- Karbonathärte (KH): 3 °dH

Fische:
- *Inpaichthys kerri*

Pflanzen:
- *Riccia fluitans, Eleochalis acicularis*

Wiese im Frühling

Sprießen die ersten zarten Knospen des Lotusgrases oder ist schon die Blüte des Löwenzahns zu sehen, dann hat sich im Kreislauf der Natur wieder der Frühling eingestellt. Alle am Anfang des Frühlings blühenden Blumen sind von bezauberndem Charme. Setzt man diese wunderschönen Farben in einer Komposition ein, so wird sich ihre Anmut auch auf die gesamte Komposition übertragen.

Aufnahme: September 1993
Beckengröße: 60 x 30 x 36 cm
Inhalt: 56 l
Einrichtung/Pflege
  Beleuchtung: 4 x 20 W
  Beleuchtungsdauer: 12 Std./Tag
  Filter: Topfaußenfilter, Filtersand mit großer Oberfläche,
  Bodengrund: Meeressand mit Düngerzusatz
  CO_2 Düngung: Zerstäuberglas und Blasenzähler (1 Blase pro Sekunde)
  Wasserwechsel: 1/2 wöchentlich
Wasserwerte
  Temperatur: 27 °C
  pH-Wert: 6,8
  Gesamthärte (GH): 2 °dH
  Karbonathärte (KH): 3 °dH
Fische:
  Hemigrammus ulreyi
Pflanzen:
  Marsilea angustifolia, Riccia fluitans, Eleochalis acicularis, Ludwigia arcuata, Rotala sp., *Rotala wallichii, Micranthemum micranthemoides*

Verzauberter Seegrund

Damit im vorderen Bereich der Eindruck von Weite entsteht, pflanzte man in den hinteren Teil der Anlage wunderschöne bunte Wasserpflanzen mit langen Stengeln. Diese wurden sorgfältig ausgesucht, um auch wirklich den Effekt der Weite zu erreichen. Eine solche Hintergrundskulisse kann nur noch auf einem Seeboden in der freien Natur gefunden werden. Sie wirkt in ihrem ganzen Wesen märchenhaft.

Aufnahme: Februar 1992
Beckengröße: 60 x 30 x 36 cm
Inhalt: 56 l
Einrichtung/Pflege
- Beleuchtung: 4 x 20 W
- Beleuchtungsdauer: 12 Std./Tag
- Filter: Topfaußenfilter, Filtersand mit großer Oberfläche
- Bodengrund: Meeressand mit Düngerzusatz
- CO_2-Düngung: Zerstäuberglas und Blasenzähler (2 Blasen pro Sekunde)
- Wasserwechsel: 1/3-1/2 wöchentlich

Wasserwerte
- Temperatur: 25 °C
- pH-Wert: 6,9
- Gesamthärte (GH): 3 °dH
- Karbonathärte (KH): 3 °dH

Fische:
- *Paracheirodon simulans, Aphyocharax rathbuni*

Pflanzen:
- *Glossostigma elatinoides, Riccia fluitans, Micranthemum micranthemoides, Didiplis diandra, Mayaca fluviatilis, Rotala wallichii, Eusteralis yatabeana, Eusteralis verticillata, Bacopa myriophylloides, Rotala indica, Rotala macrandra, Myriophyllum matogrossense*

Garten der Illusionen

In dieser Komposition verwendete ich eine Auswahl von Steinen und wie gewöhnlich Eleochalis acicularis *und* Riccia fluitans, *um ein Aquarium im Stil eines Zengartens anzulegen. Das vorgesehene Thema für diesen Garten war der Fluß der Zeit, doch irgendwie wurde das Ganze eher zu einem Garten der Illusionen.*

Aufnahme: November 1992
Beckengröße: 60 x 30 x 36 cm
Inhalt: 56 l
Einrichtung/Pflege
- Beleuchtung: 4 x 20 W
- Beleuchtungsdauer: 10 Std./Tag
- Filter: Topfaußenfilter, Filtersand mit großer Oberfläche,
- Bodengrund: Meeressand mit Düngerzusatz
- CO_2-Düngung: Zerstäuberglas und Blasenzähler (2 Blasen pro Sekunde)
- Wasserwechsel: 1/3 alle 5 Tage

Wasserwerte
- Temperatur: 26 °C
- pH-Wert: 6,8
- Gesamthärte (GH): 4 °dH
- Karbonathärte (KH): 4 °dH

Fische:
- *Hyphessobrycon amandae*

Pflanzen:
- *Eleochalis acicularis, Riccia fluitans*

Funkelnde Perlen

Am besten läßt sich Riccia fluitans *mit Angelschnur an einem Stück Holz befestigen. Sehr ästhetisch in der gesamten Erscheinung wirken die zahlreichen Sauerstoffbläschen. Es ist erstaunlich, wie sie das Auge des Betrachters auf sich ziehen.*

Aufnahme: Oktober 1992
Beckengröße: 60 x 30 x 36 cm
Inhalt: 56 l
Einrichtung/Pflege
Beleuchtung: 4 x 20 W
  Beleuchtungsdauer: 9 Std./Tag
  Filter: Topfaußenfilter, Filtersand mit großer Oberfläche
  Bodengrund: Meeressand mit Düngerzusatz
  CO_2-Düngung: Zerstäuberglas und Blasenzähler (2 Blasen pro Sekunde)
  Wasserwechsel: 1/3 alle 5 Tage
Wasserwerte
  Temperatur: 27 °C
  pH-Wert: 6,9
  Gesamthärte (GH): 2 °dH
  Karbonathärte (KH): 3 °dH
Fische:
  Thoracocharax stellatus, Hemigrammus sp.
Pflanzen:
  Echinodorus tenellus, Riccia fluitans, Cryptocoryne moehlmanii, Lagarosiphon madagascariensis, Ludwigia arcuata, Rotala macrandra, Eusteralis verticillata, Fontinalis antipyretica

Farben einer Wiese

Genau wie Sonnenstrahlen sehen die hier verwendeten Wasserpflanzen aus, nämlich strahlend und hell, weswegen sie auch sehr beliebt sind. Mit dem Ziel, ein 60 cm kleines Aquarium so groß wie möglich erscheinen zu lassen, stimmte ich die Zusammenstellung der Wasserpflanzen auf die Raumnutzung sorgfältig ab.

Aufnahme: Juni 1993
Beckengröße: 60 x 30 x 36 cm
Inhalt: 56 l
Einrichtung/Pflege
- Beleuchtung: 4 x 20 W
- Beleuchtungsdauer: 10 Std./Tag
- Filter: Topfaußenfilter, Filtersand mit großer Oberfläche,
- Bodengrund: Meeressand mit Düngerzusatz
- CO_2-Düngung: Zerstäuberglas und Blasenzähler (2 Blasen pro Sekunde)
- Wasserwechsel: 1/2 wöchentlich

Wasserwerte
- Temperatur: 26 °C
- pH-Wert: 6,8
- Gesamthärte (GH): 4 °dH
- Karbonathärte (KH): 4 °dH

Fische:
- *Puntius gelius*

Pflanzen:
- *Marsilea angustifolia, Micranthemum micranthemoides, Heteranthera zosterifolia, Hydrocotyle* sp., *Fontinalis antipyretica, Bacopa caroliniana, Rotala wallichii, Rotala* sp., *Saururus cernuus*

Prachtvolle Komposition

Im Hintergrund dieser Komposition befinden sich rote und gelbe Wasserpflanzen mit langen Blättern. Vor dieser Kulisse liegt ein S-förmiges Holzstück, um das sich Riccia fluitans *windet. Sind im Becken so viele helle Pflanzen, müssen einige dunkelgrüne Pflanzen den Eindruck von Schatten und Tiefe erzeugen.*

Aufnahme: April 1993
Beckengröße: 60 x 30 x 36 cm
Inhalt: 56 l
Einrichtung/Pflege
- Beleuchtung: 4 x 20 W
- Beleuchtungsdauer: 12 Std./Tag
- Filter: Topfaußenfilter, Filtersand mit großer Oberfläche,
- Bodengrund: Meeressand mit Düngerzusatz
- CO_2-Düngung: Zerstäuberglas und Blasenzähler (2 Blasen pro Sekunde)
- Wasserwechsel: 1/2 wöchentlich

Wasserwerte
- Temperatur: 27 °C
- pH-Wert: 6,9
- Gesamthärte (GH): 4 °dH
- Karbonathärte (KH): 4 °dH

Fische:
- *Hemigrammus erythrozonus*

Pflanzen:
- *Glossostigma elatinoides, Eleochalis acicularis, Riccia fluitans, Saururus cernuus, Micranthemum unbrosum, Didiplis diandra, Eusteralis stellata, Rotala macrandre, Rotala* sp., *Potamogeton* sp., *Crassula helmsii, Limnophila aquatica, Rotala wallichii, Bacopa caroliniana, Heteranthera zosteriforia, Micranthemum micranthemoides*

Schimmernde Wasserkelche

In dieser Landschaftskomposition stehen viele üppige Büschel von mehrfarbigen Cryptocorynen *im Mittelpunkt. Mehr als zwei Jahre mußten vergehen, bis diese Aquariumlandschaft entstand. Seit dieser Aufnahme sind die Pflanzen kräftig weitergewachsen .*

Aufnahme: Februar 1992
Beckengröße: 60 x 30 x 45 cm
Inhalt: 56 l
Einrichtung/Pflege
- Beleuchtung: 4 x 20 W
- Beleuchtungsdauer: 12 Std./Tag
- Filter: Topfaußenfilter, Filtersand mit großer Oberfläche,
- Bodengrund: Meeressand mit Düngerzusatz
- CO_2-Düngung: Zerstäuberglas und Blasenzähler (1 Blase pro Sekunde)
- Wasserwechsel: 1/2 alle 2 Wochen

Wasserwerte
- Temperatur: 26 °C
- pH-Wert: 6,9
- Gesamthärte (GH): 3 °dH
- Karbonathärte (KH): 3 °dH

Fische:
- *Rasbora pauciperforata*

Pflanzen:
- *Glossostigma elatinoides, Eleochalis acicularis, Cryptocoryne lucens, Cryptocoryne blassii, Cryptocoryne wendtii, Cryptocoryne retrospiralis*

Wiesenlandschaft

Um ein Aquarium wirkungsvoll und ästhetisch einrichten zu können, sollte man die Natur studieren. Sie kann uns Vorbild sein und wir lernen viel von ihr. Ich glaube, gerade eine Wiese ist eine sehr gute Orientierungshilfe, da sich ihr Aussehen von Tag zu Tag verändert. Diese „Wiesenlandschaft" vermittelt dem Betrachter ein Gefühl von Einsamkeit.

Aufnahme: November 1992
Beckengröße: 60 x 45 x 45 cm
Inhalt: 120 l
Einrichtung/Pflege
- Beleuchtung: 6 x 20 W
- Beleuchtungsdauer: 12 Std./Tag
- Filter: Topfaußenfilter, Filtersand mit großer Oberfläche
- Bodengrund: Meeressand mit Düngerzusatz
- CO_2-Düngung: Zerstäuber und Reaktor (3 Blasen pro Sekunde)
- Wasserwechsel: 1/2 alle 2 Wochen

Wasserwerte
- Temperatur: 26 °C
- pH-Wert: 6,9
- Gesamthärte (GH): 3 °dH
- Karbonathärte (KH): 5 °dH

Fische:
- *Inpaichthys kerri, Nematobrycon palmeri, Nematobrycon lacortei*

Pflanzen:
- *Glossostigma elatinoides, Eleochalis acicularis, Echinodorus tenellus, Sagittaria subulata var. pusilla, Riccia fluitans, Cryptocoryne costata, Micranthemum umbrosum, Microsorium pteropus, Bolbitis heudelotii, Microsorium* sp., *Cryptocoryne tonkinensis, Cryptocoryne retrospiralis, Rotala macrandra, Cryptocoryne balansae*

Spiele zwischen Felsen

Ein flacher Stein aus einem Flußbett liegt im Mittelpunkt dieser Anlage. Er ist als Versteck für den sich stark vermehrenden Schmetterlingsbuntbarsch gedacht. Während die Hintergrundkulisse aus höher wachsenden Wasserpflanzen besteht, befinden sich im Vordergrund kleinere Pflanzen. Der ideale Ruheplatz für Corydoras *ist die freie Fläche in der Nähe des Steins, an dessen Spitze sie sich gerne für ihre fröhlichen Spiele aufhalten.*

Aufnahme: Januar 1992
Beckengröße: 60 x 45 x 45 cm
Inhalt: 120 l
Einrichtung/Pflege
- Beleuchtung: 5 x 20 W
- Beleuchtungsdauer: 13 Std./Tag
- Filter: Topfaußenfilter, Filtersand mit großer Oberfläche,
- Bodengrund: Meeressand mit Düngerzusatz
- CO_2-Düngung: Zerstäuber und Reaktor (3 Blasen pro Sekunde)
- Wasserwechsel: 1/2 alle 2 Wochen

Wasserwerte
- Temperatur: 26 °C
- pH-Wert: 6,9
- Gesamthärte (GH): 5 °dH
- Karbonathärte (KH): 5 °dH

Fische:
- *Hemigrammus ulreyi, Papiliochromis ramirezi, Corydoras panda*

Pflanzen:
- *Glossostigma elatinoides, Eusteralis acicularis, Sagittaria subulata* var. *pusilla, Sagittaria natans, Aponogeton bernieria nus*

Der „Atem der Ebene“

Da Cryptocorynen *sehr vielseitig verwendbare Wasserpflanzen sind und auch jahrelang von vielen Experten bevorzugt eingesetzt wurden, sind sie recht bekannt. Diese Komposition strahlt durch die dezenten, aber dennoch gut harmonierenden Farben der Wasserpflanzen Anmut und Schönheit aus.*

Aufnahme: August 1993
Beckengröße: 60 x 45 x 45 cm
Inhalt: 120 l
Einrichtung/Pflege
- Beleuchtung: 3 x 20 W
- Beleuchtungsdauer: 10 Std./Tag
- Filter: Topfaußenfilter, Filtersand mit großer Oberfläche
- Bodengrund: Meeressand mit Düngerzusatz
- CO_2-Düngung: Zerstäuberglas und Blasenzähler (2 Blasen pro Sekunde)
- Wasserwechsel: 1/2 alle 2 Wochen

Wasserwerte
- Temperatur: 26 °C
- pH-Wert: 6,8
- Gesamthärte (GH): 3 °dH
- Karbonathärte (KH): 2 °dH

Fische:
- *Sawbwa resplendens*

Pflanzen:
- *Fontinalis antipyretica, Cryptocoryne walkeri, Cryptocoryne lucens, Cryptocoryne wendtii, Cryptocoryne balansae*

Die Farben der Berge

Paracheirodon axelrodi *schwimmt hier fröhlich im Vordergrund dieses tiefgrünen Gebirges. Wenn in einem Aquarium nur ein Grünton verwendet wird, sollte dieser durch lebhafte Fische mit kräftigen Farben ausgeglichen werden. Dadurch erhält man ein harmonisches Gesamtbild der Farben und die ganze Komposition vermittelt einen etwas verspielten Eindruck.*

Aufnahme: Mai 1993
Beckengröße: 60 x 45 x 45 cm
Inhalt: 120 l
Einrichtung/Pflege
- Beleuchtung: 5 x 20 W
- Beleuchtungsdauer: 10 Std./Tag
- Filter: Topfaußenfilter, Filtersand mit großer Oberfläche,
- Bodengrund: Meeressand mit Düngerzusatz
- CO_2-Düngung: Zerstäuberglas und Blasenzähler (3 Blasen pro Sekunde)
- Wasserwechsel: 1/3 wöchentlich

Wasserwerte
- Temperatur: 26 °C
- pH-Wert: 6,7
- Gesamthärte (GH): 2 °dH
- Karbonathärte (KH): 2 °dH

Fische:
- *Paracheirodon axelrodi*

Pflanzen:
- *Echinodorus tenellus, Cryptocoryne pontederiforia, Microsorium pteropus, Cyperus helferi, Vallisneria* sp.

Grünes Paradies

Wie auf einer grünen Bühne tummeln sich im Hintergrund rote, blaue und gelbe Fische. Die ganze Szene wirkt auf den Betrachter wie ein Traum. Eine harmonische Kombination von Fischen und Pflanzen unterstreicht die ausgewogene Gesamtkomposition dieser Unterwasserlandschaft.

Aufnahme: März 1992
Beckengröße: 60 x 45 x 45 cm
Inhalt: 120 l
Einrichtung/Pflege
- Beleuchtung: 5 x 20 W
- Beleuchtungsdauer: 12 Std./Tag
- Filter: Topfaußenfilter, Filtersand mit großer Oberfläche
- Bodengrund: Meeressand mit Düngerzusatz
- CO_2-Düngung: Zerstäuber und Reaktor (3 Blasen pro Sekunde)
- Wasserwechsel: 1/2 wöchentlich

Wasserwerte
- Temperatur: 25 °C
- pH-Wert: 6,9
- Gesamthärte (GH): 3 °dH
- Karbonathärte (KH): 4 °dH

Fische:
Nematobrycon palmeri, Hemigrammus erythrozonus, Aplocheilichthys normani, Papiliochromis ramirezi var.

Pflanzen:
Glossostigma elatinoides, Riccia fluitans, Eleochalis acicularis, Sagittaria subulata var. *pusilla, Microsorium* sp., *Micranthemum umbrosum, Anubias barteri* var. *nana, Bolbitis heudelotii, Microsorium pteropus, Mayaca fluriatillis, Rotala macrandra, Didiplis diandra, Cardamine lyrata, Ludwigia arcuata, Hydrocotyle ucocephala, Echinodorus amazonicus*

Sommergras

Im Mittelpunkt dieser Komposition steht ein Stück Wurzelholz, um das sich Fontinalis antipyretica *windet. Im Vordergrund befinden sich kleine Steine, an denen ich ebenfalls* Fontinalis antipyretica *anbrachte. Diese Anlage vermittelt dem Betrachter das Bild des Sommers mit seinen tiefgrünen Farben.*

Aufnahme: August 1992
Beckengröße: 75 x 45 x 45 cm
Inhalt: 150 l
Einrichtung/Pflege
  Beleuchtung: 6 x 20 W
  Beleuchtungsdauer: 9 Std./Tag
  Filter: Topfaußenfilter, Filtersand mit großer Oberfläche,
  Bodengrund: Meeressand mit Düngerzusatz
  CO_2-Düngung: Zerstäuber 30 und Reaktor (3 Blasen pro Sekunde)
  Wasserwechsel: 1/2 alle 2 Wochen
Wasserwerte
  Temperatur: 26 °C
  pH-Wert: 6,9
  Gesamthärte (GH): 3 °dH
  Karbonathärte (KH): 4 °dH
Fische:
  Hemigrammus sp.
Pflanzen:
  Fontinalis antipyretica, Anubias barteri var. *nana, Cyperus helferi, Anubias barteri* var. *barteri, Ludwigia arcuata*

Märchenwald

Die in einem Feld von Glossostigma elatinoides - und Riccia fluitans - *eingepflanzte Kombination von* Echinodorus *und* Crinum natans crispus *läßt das Bild eines Waldes entstehen. Ich finde, daß durch die vollkommen unterschiedlichen Formen dieser Aquariumpflanzen die ganze Komposition wie ein verzauberter Märchenwald aussieht.*

Aufnahme: März 1992
Beckengröße: 75 x 45 x 45 cm
Inhalt: 150 l
Einrichtung/Pflege
- Beleuchtung: 6 x 20 W
- Beleuchtungsdauer: 10 Std./Tag
- Filter: Topfaußenfilter, Filtersand mit großer Oberfläche,
- Bodengrund: Meeressand mit Düngerzusatz
- CO_2-Düngung: Zerstäuber und Reaktor (3 Blasen pro Sekunde)
- Wasserwechsel: 1/2 alle 10 Tage

Wasserwerte
- Temperatur: 26 °C
- pH-Wert: 6,9
- Gesamthärte (GH): 3 °dH
- Karbonathärte (KH): 3 °dH

Fische:
- *Aplocheilichthys normani*

Pflanzen:
- *Glossostigma elatinoides, Riccia fluitans, Echinodorus osiris, Echinodorus bleheri, Echinodorus major, Crinum natans crispus, Cryptocoryne balansae*

Blumengarten auf den Klippen

Aufeinandergeschichtetes und mit Wasserpflanzen bewachsenes Holz läßt den Eindruck steil ansteigender Klippen entstehen. Die Pflanzen auf den Klippen erinnern den Betrachter durch ihre leuchtenden Farben an Blumen in voller Blüte.

Im Vordergrund wächst Sagittaria subulata, *deren geringe Größe die Klippen stark hervortreten läßt. Sollte* Sagittaria subulata *allerdings noch größer werden, würde dies die Wirkung der Klippen stark beeinträchtigen.*

Aufnahme: September 1992
Beckengröße: 90 x 45 x 45 cm
Inhalt: 180 l
Einrichtung/Pflege
- Beleuchtung: 4 x 30 W
- Beleuchtungsdauer: 10 Std./Tag
- Filter: Topfaußenfilter, Filtersand mit großer Oberfläche,
- Bodengrund: Meeressand mit Düngerzusatz
- CO_2-Düngung: Zerstäuber und Reaktor (4 Blasen pro Sekunde)
- Wasserwechsel: 1/2 wöchentlich

Wasserwerte
- Temperatur: 26 °C
- pH-Wert: 6,9
- Gesamthärte (GH): 3 °dH
- Karbonathärte (KH): 4 °dH

Fische:
- *Papiliochromis ramirezi, Crenicara filamentosa, Apistogramma borellii, Apistogramma agassizi, Apistogramma cacatuoides*

Pflanzen:
- *Sagittaria subulata* var. *pusilla, Glossostigma elatinoides, Riccia fluitans, Eleochalis acicularis, Eusteralis stellata, Potamogeton mascarensis, Ludwigia glandulosa*

Strahlend rote Blüte

Dieser Komposition wollte ich eine ganz besondere Note verleihen und pflanzte daher eine leuchtendrote Wasserpflanze genau in die Mitte der grünen Pflanzenlandschaft. Ein weiterer interessanter Aspekt dieses Entwurfs ist, daß insgesamt nur acht verschiedene Pflanzen verwendet wurden, von denen allerdings jede einen eigenen Grünton hat.

Aufnahme: März 1993
Beckengröße: 90 x 45 x 45 cm
Inhalt: 180 l
Einrichtung/Pflege
- Beleuchtung: 4 x 30 W
- Beleuchtungsdauer: 9 Std./Tag
- Filter: Topfaußenfilter, Filtersand mit großer Oberfläche,
- Bodengrund: Meeressand mit Düngerzusatz
- CO_2-Düngung: Zerstäuber und Reaktor (4 Blasen pro Sekunde)
- Wasserwechsel: 1/2 alle 2 Wochen

Wasserwerte
- Temperatur: 26 °C
- pH-Wert: 6,8
- Gesamthärte (GH): 4 °dH
- Karbonathärte (KH): 4 °dH

Fische:
- *Iguanodectes tenuis, Hemigrammus ulreyi, Thayeria boehlkei, Hyphessobrycon erythrostigma*

Pflanzen:
- *Glossostigma elatinoides, Riccia fluitans, Eleochalis acicularis, Sagittaria natans, Sagittaria subulata* var. *pusilla, Bolbitis heudelotii, Alternanthera sessilis, Hygrophila stricta*

Szene mit großem Baum

Da ich weite Wiesenlandschaften über alles liebe, in denen ein einzelner, riesengroßer Baum auf einer weiten Fläche steht, versuchte ich, eine solche Szene in einem Aquarium nachzustellen. Ein Wurzelstück mit tiefgrünem Farn in der Mitte des Beckens stellt hier den Baum dar. Im Hintergrund pflanzte ich helle, langstielige Wasserpflanzen, die den Eindruck junger Blattsprößlinge erwecken.

Aufnahme: September 1993
Beckengröße: 90 x 45 x 45 cm
Inhalt: 180 l
Einrichtung/Pflege
- Beleuchtung: 4 x 30 W
- Beleuchtungsdauer: 9 Std./Tag
- Filter: Topfaußenfilter, Filtersand mit großer Oberfläche,
- Bodengrund: Meeressand mit Düngerzusatz
- CO_2-Düngung: Zerstäuber und Reaktor (4 Blasen pro Sekunde)
- Wasserwechsel: 1/2 wöchentlich

Wasserwerte
- Temperatur: 26 °C
- pH-Wert: 6,8
- Gesamthärte (GH): 3 °dH
- Karbonathärte (KH): 3 °dH

Fische:
- *Puntius nigrofasciatus*

Pflanzen:
- *Sagittaria subulata* var. *pusilla*, *Echinodorus tenellus*, *Bolbitis heudelotii*, *Rotala* sp.

Die Farben der Hochebene

Der Eindruck einer weiten, offenen Ebene entsteht durch die ausschließliche Verwendung von Eleochalis acicularis. *Das fossile Holz im linken Teil des Beckens ist sehr wichtig, da es das Gesamtbild harmonisch abrundet. Es blieb nichts weiter zu tun, als Blaue Neonfische hinzuzufügen.*

Aufnahme: März 1992
Beckengröße: 90 x 45 x 45 cm
Inhalt: 180 l
Einrichtung/Pflege
- Beleuchtung: 4 x 30 W
- Beleuchtungsdauer: 10 Std./Tag
- Filter: Topfaußenfilter, Filtersand mit großer Oberfläche,
- Bodengrund: Meeressand mit Düngerzusatz
- CO_2-Düngung: Zerstäuber und Reaktor (4 Blasen pro Sekunde)
- Wasserwechsel: 1/2 wöchentlich

Wasserwerte
- Temperatur: 26 °C
- pH-Wert: 6,9
- Gesamthärte (GH): 3 °dH
- Karbonathärte (KH): 4 °dH

Fische:
- *Paracheirodon simulans*

Pflanzen:
- *Eleochalis acicularis*

Komposition in Grün

Akzent in diesem Aquarium ist ein Holzstück, das an der rechten Seite des Beckens lehnt und um das sich Bolbitis heudelotii *windet. An seinem Fuß pflanzte man* Cryptocorynen, Sagittaria subulata *var. und* Microsorium pteropus. *Kompositionen wie diese mit dunklen Pflanzen wirken immer ein wenig düster, doch bringen die Bewegungen der Barben Helligkeit und Farbe in das Gesamtbild.*

Aufnahme: Februar 1992
Beckengröße: 90 x 45 x 60 cm
Inhalt: 240 l
Einrichtung/Pflege
- Beleuchtung: 4 x 30 W
- Beleuchtungsdauer: 10 Std./Tag
- Filter: Topfaußenfilter, Filtersand mit großer Oberfläche
- Bodengrund: Meeressand mit Düngerzusatz
- CO_2-Düngung: Zerstäuber und Reaktor (4 Blasen pro Sekunde)
- Wasserwechsel: 1/2 wöchentlich

Wasserwerte
- Temperatur: 26 °C
- pH-Wert: 7,0
- Gesamthärte (GH): 4 °dH
- Karbonathärte (KH): 5 °dH

Fische:
- *Puntius arulius, Rasbora pauciperforata, Puntius nigrofasciatus, Puntius* sp.

Pflanzen:
- *Cryptocoryne wendtii, Cryptocoryne balansae, Sagittaria subulata* var. *pusilla, Microsorium pteropus, Bolbitis heudelotii, Cryptocoryne retrospiralis*

Dynamische Unterwasserwelt

Holz und Flußsteine sind die dominierenden Elemente dieser Komposition, während die Wasserpflanzen nurmehr eine unterstützende Funktion haben. Dieses Aquarium vermittelt dem Betrachter den klaren Eindruck einer harmonischen Unterwasserlandschaft. Ich stellte mir das Ergebnis eines über Jahre hinweg verlaufenden natürlichen Entstehungsprozeßes vor und versuchte diesen in der Aquariumlandschaft wiederzugeben.

Aufnahme: Dezember 1992
Beckengröße: 90 x 45 x 60 cm
Inhalt: 240 l
Einrichtung/Pflege
- Beleuchtung: 4 x 30 W
- Beleuchtungsdauer: 9 Std./Tag
- Filter: Topfaußenfilter, Filtersand mit großer Oberfläche,
- Bodengrund: Meeressand mit Düngerzusatz
- CO_2-Düngung: Zerstäuber und Reaktor (3 Blasen pro Sekunde)
- Wasserwechsel: 1/2 wöchentlich

Wasserwerte
- Temperatur: 25 °C
- pH-Wert: 7,0
- Gesamthärte (GH): 2 °dH
- Karbonathärte (KH): 3 °dH

Fische:
- *Petitella georgiae*

Pflanzen:
- *Riccia fluitans, Fontinalis antipyretica, Microsorium pteropus*

Verspielte grüne Wiese

Ich plazierte drei versteinerte Hölzer in der Mitte dieses Beckens, um ein dynamisches Gesamtbild zu erreichen. Die Komposition wirkt trotz des großen Kontrasts der grünen Farben der Wasserpflanzen und den Farben der fossilen Hölzer sehr harmonisch. Um den ästhetischen Eindruck zu erhöhen, setzte ich einen Schwarm Bärblinge in gedämpften Farben hinzu.

Aufnahme: November 1993
Beckengröße: 120 x 45 x 45 cm
Inhalt: 240 l
Einrichtung/Pflege
- Beleuchtung: 4 x 40 W
- Beleuchtungsdauer: k. A.
- Filter: Topfaußenfilter, Filtersand mit großer Oberfläche,
- Bodengrund: Meeressand mit Düngerzusatz
- CO_2-Düngung: Zerstäuber und Reaktor (4 Blasen pro Sekunde)
- Wasserwechsel: 1/2 alle 2 Wochen

Wasserwerte
- Temperatur: 25 °C
- pH-Wert: 7,0
- Gesamthärte (GH): 6 °dH
- Karbonathärte (KH): 6 °dH

Fische:
- *Rasbora caverii, Puntius lineatus, Danio pathirana*

Pflanzen:
- *Anubias barteri* var. *nana, Fontinalis antipyretica, Sagittaria natans, Sagittaria subulata* var. *pusilla, Echinodorus tenellus, Riccia fluitans, Glossostigma elatinoides*

Ein verwunschener Wald

Ein Wald aus dichten und üppigen Wasserpflanzen. Megalamphodus sweglesi *scheint regelrecht durch die Baumwipfel zu tanzen. Ein Fisch mit kräftigen Rottönen wie* Megalamphodus sweglesi *paßt hervorragend zu dem dunklen Grün der Pflanzen. So entsteht ein wunderschöner Farbkontrast zur Landschaft im Hintergrund. Eine Komposition, die den Betrachter fasziniert.*

Aufnahme: August 1993
Beckengröße: 100 x 45 x 45 cm
Inhalt: 200 l
Einrichtung/Pflege
- Beleuchtung: 4 x 30 W
- Beleuchtungsdauer: 10 Std./Tag
- Filter: Topfaußenfilter, Filtersand mit großer Oberfläche,
- Bodengrund: Meeressand mit Düngerzusatz
- CO_2-Düngung: Zerstäuber und Reaktor (4 Blasen pro Sekunde)
- Wasserwechsel: 1/2 alle 2 Wochen

Wasserwerte
- Temperatur: 25 °C
- pH-Wert: 6,8
- Gesamthärte (GH): 2 °dH
- Karbonathärte (KH): 3 °dH

Fische:
- *Megalamphodus sweglesi*

Pflanzen:
- *Echinodorus osiris „rose", Echinodorus uruguaiensis, Anubias barteri* var. *nana, Eleochalis acicularis, Bolbitis heudelotii, Sagittaria subulata* var. *pusilla, Glossostigma elatinoides*

Das Leuchten frischer Blätter

Der Rhythmus einer Wasserpflanzenkomposition kann sich durch die richtige Kombination von Farben und Blattformen sehr schön verändern. In diesem Becken befinden sich im Mittelpunkt nach allen Seiten sprießende hellgrüne Wasserpflanzen, deren blasse Farben sich zum Hintergrund hin in tiefes Grün verwandeln.

Aufnahme: Mai 1992
Beckengröße: 120 x 45 x 45 cm
Inhalt: 240 l
Einrichtung/Pflege
Beleuchtung: 10 x 20 W
Beleuchtungsdauer: 10 Std./Tag
Filter: Topfaußenfilter, Filtersand mit großer Oberfläche,
Bodengrund: Meeressand mit Düngerzusatz
CO_2-Düngung: Zerstäuber und Reaktor (5 Blasen pro Sekunde)
Wasserwechsel: 1/2 wöchentlich

Wasserwerte
Temperatur: 27 °C
pH-Wert: 6,9
Gesamthärte (GH): 3 °dH
Karbonathärte (KH): 4 °dH
Fische:
Petitella georgiae, Paracheirodon axelrodi, Nematobrycon palmeri
Pflanzen:
Echinodorus tenellus, Eleochalis acicularis, Anubias barteri var. *nana, Cryptocoryne costata, Micranthemum micranthemoides, Cryptocoryne balansae, Rotala rotundifolia, Eusteralis yatabeana, Bolbitis heudelotii, Potamogeton mascarensis, Rotala macrandra, Echinodorus horemanii, Hygrophila corymbosa, Isoetes japonica, Alternanthera sessilis, Ludwigia inclinata, Cabomba australis, Bacopa monnieri*

Berge am Horizont

Große Sagittaria natans *wachsen hier vor der aus* Riccia fluitans *bestehenden „Bergkette". Für ein 120 cm langes Aquarium ist diese Einrichtung extrem großzügig angelegt und läuft dadurch Gefahr, an Ausdruckskraft zu verlieren. Die im Vordergrund dicht gepflanzte* Sagittaria natans *verleiht der Komposition zusätzliche Tiefe.*

Aufnahme: April 1992
Beckengröße: 120 x 45 x 45 cm
Inhalt: 240 l
Einrichtung/Pflege
  Beleuchtung: 10 x 20 W
  Beleuchtungsdauer: 9 Std./Tag
  Filter: Topfaußenfilter, Filtersand mit großer Oberfläche
  Bodengrund: Meeressand mit Düngerzusatz
  CO_2-Düngung: Zerstäuber und Reaktor (3 Blasen pro Sekunde)
  Wasserwechsel: 1/2 wöchentlich
Wasserwerte
  Temperatur: 26 °C
  pH-Wert: 7,0
  Gesamthärte (GH): 4 °dH
  Karbonathärte (KH): 4 °dH
Fische:
  Paracheirodon axelrodi, Pterophyllum scalare
Pflanzen:
  Glossostigma elatinoides, Sagittaria subulata var. *pusilla, Sagittaria natans, Riccia fluitans, Anubias barteri* var. *nana, Rotala indica, Micranthemum micranthemoides, Rotala macrandra, Echinodorus horemanii*

Blumengarten am Wegesrand

Die Technik, in Aquarien Gebirge nachzubilden, indem man Riccia fluitans *um Holz windet, findet häufig Anwendung. In diesem Becken bilden verschiedenfarbene langstielige Wasserpflanzen die Hintergrundkulisse, vor der sich* Riccia fluitans *ausbreitet. Dem Betrachter erscheint dies wie ein bunter Blumengarten.*

Aufnahme: April 1992
Beckengröße: 120 x 45 x 45 cm
Inhalt: 240 l
Einrichtung/Pflege
Beleuchtung: 10 x 20 W
Beleuchtungsdauer: 12 Std./Tag
Filter: Topfaußenfilter, Filtersand mit großer Oberfläche
Bodengrund: Meeressand mit Düngerzusatz
CO_2-Düngung: Zerstäuber und Reaktor (5 Blasen pro Sekunde)
Wasserwechsel: 1/2 wöchentlich

Wasserwerte
Temperatur: 27 °C
pH-Wert: 7,0
Gesamthärte (GH): 3 °dH
Karbonathärte (KH): 3 °dH

Fische:
Paracheirodon axelrodi, Petitella georgiae, Nematobrycon palmeri, Inpaichthys kerri, Colisa lalia var.

Pflanzen:
Glossostigma elatinoides, Riccia fluitans, Lagarosiphon madagascariensis, Lilaeopsis novaezelandiae, Cryptocoryne moehlmannii, Echinodorus tenellus, Anubias barteri var. *nana, Micranthemum umbrosum, Rotala macrandra* var., *Hygrophila stricta, Rotala* sp., *Ottelia alismoides, Alternanthera sessilis, Cryptocoryne retrospiralis, Eusteralis verticillata, Eusteralis stellata, Micranthemum micranthemoides, Bacopa monnieri, Rotala indica*

Blattformen

Glossostigma elatinoides *im Vordergrund und* Anubias barteri *var. nana im mittleren Teil der Anlage haben sehr ähnliche Blattformen, wohingegen die Blätter von* Cyperus helferi *im Hintergrund vollkommen anders aussehen. Es ist wichtig, daß harmonierende Pflanzen gewählt werden.*

Aufnahme: Juni 1993
Beckengröße: 120 x 45 x 45 cm
Inhalt: 240 l
Einrichtung/Pflege
Beleuchtung: 3 x 40 W
Beleuchtungsdauer: 9 Std./Tag
Filter: Topfaußenfilter, Filtersand mit großer Oberfläche
Bodengrund: Meeressand mit Düngerzusatz
CO_2-Düngung: Zerstäuber und Reaktor (4 Blasen pro Sekunde)
Wasserwechsel: 1/2 alle 2 Wochen
Wasserwerte
Temperatur: 25 °C
pH-Wert: 7,0
Gesamthärte (GH): 4 °dH
Karbonathärte (KH): 5 °dH

Fische:
Paracheirodon simulans, Inpaichthys kerri, Hemigrammus sp., *Hyphessobrycon erythrostigma*
Pflanzen:
Glossostigma elatinoides, Anubias barteri var. *nana, Cyperus helferi*

Wald der Bärblinge

Das helle, versteinerte Holz vermittelt den Eindruck von Stabilität und Festigkeit. Dem entgegen steht das Wurzelholz, das die Komposition in Balance hält. Die Kombination der Materialien ließ eine Szene entstehen, in der Fische und Pflanzen aus verschiedenen Bereichen miteinander leben können.

Aufnahme: Juli 1993
Beckengröße: 120 x 45 x 45 cm
Inhalt: 240 l
Einrichtung/Pflege
Beleuchtung: 3 x 40 W
Beleuchtungsdauer: 10 Std./Tag
Filter: Topfaußenfilter, Filtersand mit großer Oberfläche
Bodengrund: Meeressand mit Düngerzusatz
CO_2-Düngung: Zerstäuber und Reaktor (3 Blasen pro Sekunde)
Wasserwechsel: 1/2 wöchentlich
Wasserwerte
Temperatur: 26 °C
pH-Wert: 7,0
Gesamthärte (GH): 3 °dH
Karbonathärte (KH): 4 °dH

Fische:
Rasbora caudimaculata
Pflanzen:
Echinodorus tenellus, Anubias barteri var. *nana, Lysimachia nummularia var. aurea, Rotala* sp., *Rotala rotundifolia, Hygrophila stricta*

Farben der Bäume

Eine ungewöhnliche Komposition, in der Wasserpflanzen unterschiedlicher Farben und Blattformen eingesetzt wurden. Das Bemerkenswerte daran ist der Kontrast zwischen den hellen, gelbgrünen Blättern und den tiefgrünen Tönen. Aufgrund dieser unterschiedlichen Farben war es schwierig, die Pflanzen zu einem harmonischen Ganzen zusammenzufügen.

Aufnahme: Februar 1993
Beckengröße: 120 x 45 x 45 cm
Inhalt: 240 l
Einrichtung/Pflege
- Beleuchtung: 10 x 20 W
- Beleuchtungsdauer: 9 Std./Tag
- Filter: Topfaußenfilter, Filtersand mit großer Oberfläche
- Bodengrund: Meeressand mit Düngerzusatz
- CO_2-Düngung: Zerstäuber und Reaktor (2 Blasen pro Sekunde)
- Wasserwechsel: 1/2 wöchentlich

Wasserwerte
- Temperatur: 27 °C
- pH-Wert: 6,8
- Gesamthärte (GH): 3 °dH
- Karbonathärte (KH): 4 °dH

Fische:
- *Puntius pentazona pentazona*

Pflanzen:
- *Echinodorus tenellus, Cryptocoryne willisii, Cryptocoryne pontederifolia, Cryptocoryne wendtii, Bolbitis heudelotii, Cryptocoryne tonkinensis, Cryptocoryne balansae, Hygrophila angustifolia, Rotala macrandra, Lagarosiphon madagascariensis*

Glitzernder Bachgrund

Eusteralis yatabeana, Riccia fluitans *und* Eleochalis acicularis *stammen alle aus Japan und sind wundervolle Aquarienpflanzen. Mit diesen Wasserpflanzen versuchte ich, einen japanischen Bach darzustellen. Zusätzlich fügte ich noch zwei* Pseudorasbora-*Arten hinzu, um den Eindruck dieser gedämpft wirkenden Komposition aufzulockern.*

Aufnahme: April 1993
Beckengröße: 120 x 45 x 45 cm
Inhalt: 240 l
Einrichtung/Pflege
Beleuchtung: 10 x 20 W
Beleuchtungsdauer: 9 Std./Tag
Filter: Topfaußenfilter, Filtersand mit großer Oberfläche,
Bodengrund: Meeressand mit Düngerzusatz
CO_2-Düngung: Zerstäuber und Reaktor (3 Blasen pro Sekunde)
Wasserwechsel: 1/2 wöchentlich

Wasserwerte
Temperatur: 27 °C
pH-Wert: 6,9
Gesamthärte (GH): 5 °dH
Karbonathärte (KH): 6 °dH
Fische:
Pseudorasbora pumila pumila, Hemigrammocypris rasborella
Pflanzen:
Eusteralis yarabeana, Riccia fluitans, Eleochalis acicularis, Isoetes japonica

Frühsommerliche Impressionen

Die tiefgrünen Farben eines Waldes und die eher kühlen Töne von Telmatherina ladigesi *verschmelzen in der Strömung und verleihen dieser Komposition einen Hauch von Frühsommer. Eine Landschaft, in der die abendliche Sommerbrise förmlich zu spüren ist.*

Aufnahme: Juni 1992
Beckengröße: 180 x 60 x 60 cm
Inhalt: 648 l
Einrichtung/Pflege
- Beleuchtung: 24 x 20 W
- Beleuchtungsdauer: 10 Std./Tag
- Filter: Topfaußenfilter, Filtersand mit großer Oberfläche,
- Bodengrund: Meeressand mit Düngerzusatz
- CO_2-Düngung: Zerstäuber und Reaktor (5 Blasen pro Sekunde)
- Wasserwechsel: 1/2 wöchentlich

Wasserwerte
- Temperatur: 25 °C
- pH-Wert: 7,0
- Gesamthärte (GH): 2 °dH
- Karbonathärte (KH): 3 °dH

Fische:
- *Telmatherina ladigesi, Hemigrammopetersius caudalis, Plecoglossus altivelis*

Pflanzen:
- *Glossostigma elatinoides, Eleochalis acicularis, Vallisneria spiralis*

Stilleben mit Mosaikfadenfisch

Trichogaster leeri *lebt in stehenden Gewässern, wie sie in diesem Aquarium nachgeahmt wurden. Die Tiere verbergen sich am liebsten im dichten und üppigen Pflanzenwuchs. Wie auf einem Nachmittagsspaziergang ziehen sie gemächlich durch die Aquarienlandschaft.*

Aufnahme: Mai 1992
Beckengröße: 180 x 60 x 60 cm
Inhalt: 648 l
Einrichtung/Pflege
- Beleuchtung: 24 x 20 W
- Beleuchtungsdauer: 10 Std./Tag
- Filter: Topfaußenfilter, Filtersand mit großer Oberfläche,
- Bodengrund: Meeressand mit Düngerzusatz
- CO_2-Düngung: 2 x Zerstäuber und Reaktor (5 Blasen pro Sekunde)
- Wasserwechsel: 1/2 wöchentlich

Wasserwerte
- Temperatur: 26 °C
- pH-Wert: 7,0
- Gesamthärte (GH): 3 °dH
- Karbonathärte (KH): 3 °dH

Fische:
- *Trichogaster leeri, Rasbora heteromorpha heteromorpha, Rasbora vaterifloris*

Pflanzen:
- *Glossostigma elatinoides, Hydrocotyle verticillata* var. *Riccia fluitans, Anubias barteri* var. *nana, Anubias afzelii, Echinodorus osiris, Echinodorus bleheri, Echinodorus macrophyllus, Hygrophila corymbosa, Didiplis diandra, Rotala macrandra, Micranthemum micranthemoides*

Schönheit und Anmut – Ottelien

Ich verwendete in dieser Komposition Fische und Wasserpflanzen aus einer landschaftlich reizvollen Gegend Japans, die leider zunehmend im Verschwinden begriffen ist. Ziel war, Ottelia alismoides *in ihrer vollen Schönheit zu präsentieren. Ein Aquarium, das in mir Kindheitserinnerungen weckt.*

Aufnahme: Juli 1992
Beckengröße: 180 x 60 x 60 cm
Inhalt: 648 l
Einrichtung/Pflege
- Beleuchtung: 24 x 20 W
- Beleuchtungsdauer: 9 Std./Tag
- Filter: Topfaußenfilter, Filtersand mit großer Oberfläche,
- Bodengrund: Meeressand mit Düngerzusatz
- CO_2-Düngung: 2 x Zerstäuber und Reaktor (5 Blasen pro Sekunde)
- Wasserwechsel: 1/2 wöchentlich

Wasserwerte
- Temperatur: 27 °C
- pH-Wert: 6,8
- Gesamthärte (GH): 2 °dH
- Karbonathärte (KH): 3 °dH

Fische:
- *Zacco platypus, Zacco temminckii, Gnathopogon elongatus, Macropodus chinensis*

Pflanzen:
- *Eleochalis acicularis, Riccia fluitans, Ottelia alismoides, Limnophila sessiliflora, Isoetes japonica, Eusteralis yatabeana, Eusteralis verticillata, Myriophyllum verticillatum, Potamogeton oxyphyllus*

Schöpferische Natur

Es gibt viele verschiedene Möglichkeiten, ein Naturaquarium zu gestalten. Eine davon ist auch, die Wasserpflanzen im Becken einfach sich selbst und ihrem Wachstum zu überlassen. Das Ergebnis ist eine vollkommen natürlich wirkende Komposition, wie sie hier zu sehen ist.

Aufnahme: September 1993
Beckengröße: 180 x 60 x 60 cm
Inhalt: 648 l
Einrichtung/Pflege
- Beleuchtung: 24 x 20 W
- Beleuchtungsdauer: 10 Std./Tag
- Filter: Topfaußenfilter, Filtersand mit großer Oberfläche,
- Bodengrund: Meeressand mit Düngerzusatz
- CO_2-Düngung: 2 x Zerstäuber und Reaktor (10 Blasen pro Sekunde)
- Wasserwechsel: 1/2 monatlich

Wasserwerte
- Temperatur: 26 °C
- pH-Wert: 6,8
- Gesamthärte (GH): 3 °dH
- Karbonatharte (KH): 4 °dH

Fische:
- *Megalamphodus sweglesi, Moenkhausia pitteri*

Pflanzen:
- *Glossostigma elatinoides, Litricularia gibba* sp., *Riccia fluitans, Fontinalis antipyretica, Aponogeton madagascariensis, Cyperus helferi*

Das Plätschern des Bachs

In dieser Komposition wirbeln die Luftblasen in einem klaren Strom durch das 180 cm lange Aquarium und übertragen auf den Betrachter ein Gefühl der Frische. Sagittaria natans *im Vordergrund und* Anubias barteri *var. barteri im Hintergrund harmonieren durch ihre vollkommen unterschiedlichen Blattmuster perfekt.*

Aufnahme: Oktober 1992
Beckengröße: 180 x 60 x 60 cm
Inhalt: 648 l
Einrichtung/Pflege
- Beleuchtung: 24 x 20 W
- Beleuchtungsdauer: 10 Std./Tag
- Filter: Topfaußenfilter, Filtersand mit großer Oberfläche,
- Bodengrund: Meeressand mit Düngerzusatz
- CO_2-Düngung: 2 x Zerstäuber und Reaktor (5 Blasen pro Sekunde)
- Wasserwechsel: 1/2 alle 2 Wochen

Wasserwerte
- Temperatur: 26 °C
- pH-Wert: 7,0
- Gesamthärte (GH): 3 °dH
- Karbonathärte (KH): 4 °dH

Fische:
- *Pterophyllum scalare, Megalamphodus sweglesi*

Pflanzen:
- *Riccia fluitans, Eleochalis acicularis, Sagittaria subulata* var. *pusilla, Sagittaria graminea* var. *platyphylla, Isoetes japonica, Anubias barteri* var. *nana, Anubias barteri* var. *barteri*

Schimmernder Urwald

Wenn ich mir nicht sicher bin, wie ich ein Aquarium gestalten soll, gehe ich in die Natur hinaus. In den verschiedenen Landschaften finde ich viele Anregungen für meine Kompositionen. Bei der Gestaltung dieses Aquariums diente ausschließlich die Natur als Vorbild.

Aufnahme: Dezember 1992
Beckengröße: 180 x 60 x 60 cm
Inhalt: 648 l
Einrichtung/Pflege
Beleuchtung: 24 x 20 W
Beleuchtungsdauer: 10 Std./Tag
Filter: Topfaußenfilter, Filtersand mit großer Oberfläche,
Bodengrund: Meeressand mit Düngerzusatz
CO_2-Düngung: 2 x Zerstäuber und Reaktor (6 Blasen pro Sekunde)
Wasserwechsel: 1/2 wöchentlich
Wasserwerte
Temperatur: 26 °C
pH-Wert: 7,0
Gesamthärte (GH): 3 °dH
Karbonathärte (KH): 4 °dH
Fische:
Megalamphodus sweglesi

Pflanzen:
Glossostigma elatinoides, Eleochalis acicularis, Riccia fluitans, Litricularia gibba sp., *Isoetes japonica, Sagittaria graminea* var. *platyphylla, Eusteralis stellata, Eusteralis yatabeana, Eusteralis verticillata, Rotala indica, Rotala macrandra, Rotala wallichii, Alternanthera sessilis* var. *lilacina, Hygrophila angustifolia*

Heitere Skalare

Faszinierend an großen Aquarien ist die Möglichkeit, Unterwasserlandschaften zu schaffen, die in ihrem Ausdruck und in ihrer Dynamik der Natur sehr nahekommen. Einziger Nachteil ist vielleicht die im Vergleich zu kleineren Becken etwas anspruchsvollere Pflege. Das abgebildete Becken war zum Zeitpunkt der Aufnahme drei Jahre alt.

Aufnahme: Januar 1993
Beckengröße: 180 x 100 x 80 cm
Inhalt: 1440 l
Einrichtung/Pflege
- Beleuchtung: 6 x 40 W
- Beleuchtungsdauer: 10 Std./Tag
- Filter: Topfaußenfilter, Filtersand mit großer Oberfläche
- Bodengrund: Meeressand mit Düngerzusatz
- CO_2-Düngung: 3 x Zerstäuber und Reaktor (5 Blasen pro Sekunde)
- Wasserwechsel: 1/3 alle 10 Tage

Wasserwerte
- Temperatur: 26 °C
- pH-Wert: 6,8
- Gesamthärte (GH): 3 °dH
- Karbonathärte (KH): 3 °dH

Fische:
- *Pterophyllum scalare altum*

Pflanzen:
- *Fontinalis antipyretica, Echinodorus tenellus, Cryptocoryne wendtii, Cryptocoryne costata, Cryptocoryne wendtii, Cryptocoryne balansae, Cryptocoryne retrospiralis, Microsorium pteropus, Echinodorus horemanii*

Diskusnostalgie

Es ist sehr schwierig, Diskusfische in einem bepflanzten Aquarium zu halten, da sie sehr gefräßig und ständig auf der Suche nach Futter sind. Normalerweise finden Diskusfische in einem Becken dieser Größe genug Nahrung. Der Anblick dieser Szene, die der Natur sehr nahekommt, wirkt auf den Betrachter ausgesprochen entspannend.

Aufnahme: Juni 1993
Beckengröße: 180 x 100 x 80 cm
Inhalt: 1440 l
Einrichtung/Pflege
- Beleuchtung: 10 x 40 W
- Beleuchtungsdauer: 10 Std./Tag
- Filter: Topfaußenfilter, Filtersand mit großer Oberfläche,
- Bodengrund: Meeressand mit Düngerzusatz
- CO_2-Düngung: 3 x Zerstäuber und Reaktor (5 Blasen pro Sekunde)
- Wasserwechsel: 1/3 wöchentlich

Wasserwerte
- Temperatur: 26 °C
- pH-Wert: 7,0
- Gesamthärte (GH): 3 °dH
- Karbonathärte (KH): 4 °dH

Fische:
- *Symphysodon aequifasciata aequifasciata, Petitella georgiae, Hyphessobrycon erythrostigma*

Pflanzen:
- *Eleochalis acicularis, Fontinalis antipyretica, Aponogeton madagascariensis, Bolbitis heudelotii*

Zitterndes Herbstlaub

Diese Szene ist geprägt von der karmesinroten Rotala macrandra, *die sich genau in der Mitte des Beckens befindet und fast schon zu dominant wirkt. Würde sie sich weiter links im Aquarium befinden, so wäre diese Komposition wahrscheinlich kohärenter und klarer.*

Aufnahme: Mai 1993
Beckengröße: 240 x 50 x 60 cm
Inhalt: 720 l
Einrichtung/Pflege
- Beleuchtung: 8 x 40 W
- Beleuchtungsdauer: 12 Std./Tag
- Filter: Topfaußenfilter, Filtersand mit großer Oberfläche
- Bodengrund: Meeressand mit Düngerzusatz
- CO_2-Düngung: 2 x Zerstäuber und Reaktor (5 Blasen pro Sekunde)
- Wasserwechsel: 1/2 alle 2 Wochen

Wasserwerte
- Temperatur: 26 °C
- pH-Wert: 6,9
- Gesamthärte (GH): 3 °dH
- Karbonathärte (KH): 1 °dH

Fische:
- *Paracheirodon axelrodi, Hemigrammus erythrozonus, Hyphessobrycon callistus, Xiphophorus maculatus* var.

Pflanzen:
- *Echinodorus tenellus, Eleochalis acicularis, Anubias barteri* var. *barteri, Anubias barteri* var. *nana, Microsorium pteropus, Hygrophila stricta, Bolbitis heudelotii, Rotala indica, Rotala macrandra*

Einsame Ebene

Ich habe bereits viele Kompositionen aus Eleochalis acicularis *und Steinen geschaffen und war doch jedesmal überrascht, wie durch eine andere Anordnung der Steine immer wieder ein neues Gesamtbild entstand. In diesem Aquarium wurden dunkle Steine eingesetzt, durch die der Eindruck einer einsamen Ebene verstärkt wird.*

Aufnahme: Oktober 1993
Beckengröße: 240 x 60 x 60 cm
Inhalt: 864 l
Einrichtung/Pflege
- Beleuchtung: 4 x 110 W
- Beleuchtungsdauer: 10 Std./Tag
- Filter: Topfaußenfilter, Filtersand mit großer Oberfläche,
- Bodengrund: Meeressand mit Düngerzusatz
- CO_2-Düngung: 2 x Zerstäuber und Reaktor (5 Blasen pro Sekunde)
- Wasserwechsel: 1/2 wöchentlich

Wasserwerte
- Temperatur: 26 °C
- pH-Wert: 7,0
- Gesamthärte (GH): 3 °dH
- Karbonathärte (KH): 4 °dH

Fische:
- *Paracheirodon axelrodi*

Pflanzen:
- *Eleochalis acicularis*

Klarer grüner Sommer

Sehr häufig sieht man in Aquarien Farne, die auf einen großen, überhängenden Stamm gepflanzt wurden. Absicht dieser Technik ist es, einen dreidimensionalen Effekt zu erreichen. Hierzu müssen jedoch einige Punkte beachtet werden. So sollte der Farn an mehreren Stellen am Holz angebracht werden. Außerdem muß das Gras am Aquariumboden sehr dicht gepflanzt und der Raum dadurch möglichst weit und offen gehalten werden.

Aufnahme: Mai 1993
Beckengröße: 120 x 100 x 75 cm
Inhalt: 900 l
Einrichtung/Pflege
- Beleuchtung: 20 x 20 W
- Beleuchtungsdauer: 10 Std./Tag
- Filter: Topfaußenfilter, Filtersand mit großer Oberfläche,
- Bodengrund: Meeressand mit Düngerzusatz
- CO_2-Düngung: Zerstäuber und Reaktor (5 Blasen pro Sekunde)
- Wasserwechsel: 1/2 wöchentlich

Wasserwerte
- Temperatur: 26 °C
- pH-Wert: 7,0
- Gesamthärte (GH): 3 °dH
- Karbonathärte (KH): 4 °dH

Fische:
- *Nematobrycon palmeri, Petitella georgiae, Moenkhausia pittieri*

Pflanzen:
- *Eleochalis acicularis, Microsorium pteropus, Fontinalis antipyretica, Cryptocoryne balansae*

Schwebende Engel – Auftakt

Diese Landschaft läßt sich nur in einem sehr großen Becken realisieren, das außerdem noch von zwei Seiten aus einsehbar ist. Ein großes Stück Wurzelholz liegt auf der linken Seite der Anlage und erstreckt sich bis in den Vordergrund. Diagonal dazu liegt ein kleineres Holzstück auf dem Boden des in Grüntönen gehaltenen Aquariums. Eine schlichte, doch herausragende Komposition.

Aufnahme: September 1993
Beckengröße: 180 x 160 x 90 cm
Inhalt: 2590 l
Einrichtung/Pflege
- Beleuchtung: 15 x 40 W
- Beleuchtungsdauer: 12 Std./Tag
- Filter: Topfaußenfilter, Filtersand mit großer Oberfläche,
- Bodengrund: Meeressand mit Düngerzusatz
- CO_2-Düngung: 4 x Zerstäuber und Reaktor (5 Blasen pro Sekunde)
- Wasserwechsel: 1/2 alle 3 Wochen

Wasserwerte
- Temperatur: 26 °C
- pH-Wert: 7,0
- Gesamthärte (GH): 2 °dH
- Karbonathärte (KH): 2 °dH

Fische:
- *Pterophyllum scalare* var., *Hemigrammopetersius caudalis, Petitella georgiae*

Pflanzen:
- *Glossostigma elatinoides, Cyperus helferi, Microsorium pteropus, Echinodorus uruguaiensis, Echinodorus horemanii, Echinodorus „rubin", Najas* sp., *Riccia fluitans, Eleochalis acicularis, Isoetes japonica, Cryptocoryne balansae, Potamogeton oxyphyllus*

Schwebende Engel – Finale

In dieser Komposition erscheinen die Fische wie geflügelte und in goldene Gewänder gehüllte Engel, die auf einer grünen Bühne in den Himmel empor tanzen. Der Kontrast zwischen dem Grün der Wasserpflanzen und dem Gold von Pterophyllum scalare *ist außerordentlich stark und wirkt sehr lebendig.*

Aufnahme: September 1993
Beckengröße: 180 x 160 x 90 cm
Inhalt: 2590 l
Einrichtung/Pflege
- Beleuchtung: 15 x 40 W
- Beleuchtungsdauer: 12 Std./Tag
- Filter: Topfaußenfilter, Filtersand mit großer Oberfläche,
- Bodengrund: Meeressand mit Düngerzusatz
- CO_2-Düngung: 4 x Zerstäuber und Reaktor (5 Blasen pro Sekunde)
- Wasserwechsel: 1/2 alle 3 Wochen

Wasserwerte
- Temperatur: 26 °C
- pH Wert: 7,0
- Gesamthärte (GH): 2 °dH
- Karbonathärte (KH): 2 °dH

Fische:
- *Pterophyllum scalare* var., *Hemigrammopetersius caudalis*, *Petitella georgiae*

Pflanzen:
- *Glossostigma elatinoides*, *Cyperus helferi*, *Microsorium pteropus*, *Echinodorus uruguaiensis*, *Echinodorus horemanii*, *Echinodorus „rubin"*, *Najas* sp., *Riccia fluitans*, *Eleochalis acicularis*, *Isoetes japonica*, *Cryptocoryne balansae*, *Potamogeton oxyphyllus*

Gräser im Sommer

Dieses lange Aquarium, bepflanzt mit Eleochalis acicularis, *erweckt beim Betrachter den Eindruck einer sommerlichen Wiese. Da der Wuchs dieser Pflanze sehr vom Standort abhängt, setzte ich das kürzere Gras mehr in den Vordergrund. Die beiden Holzstücke runden die Komposition nach vorne harmonisch ab.*

Aufnahme: März 1992
Beckengröße: 300 x 60 x 60 cm
Inhalt: 1080 l
Einrichtung/Pflege
- Beleuchtung: 10 x 40 W
- Beleuchtungsdauer: 12 Std./Tag
- Filter: Topfaußenfilter, Filtersand mit großer Oberfläche,
- Bodengrund: Meeressand mit Düngerzusatz
- CO_2-Düngung: 2 x Zerstäuber und Reaktor (6 Blasen pro Sekunde)
- Wasserwechsel: 1/2 alle 3 Wochen

Wasserwerte
- Temperatur: 27 °C
- pH-Wert: 7,0
- Gesamthärte (GH): 3 °dH
- Karbonathärte (KH): 4 °dH

Fische:
- *Paracheirodon axelrodi*

Pflanzen:
- *Glossostigma elatinoides, Eleochalis acicularis*

Steingartenpanorama

Betrachtet man japanische Gärten genauer, wird einem immer das Bild eines Steingartens in den Sinn kommen. Um einen solchen in reiner Form zu gestalten, eignet sich am besten ein 60 cm langes Aquarium. In diesem Fall verwendete ich jedoch ein 240 cm-Becken, um eine weite Panoramaaussicht zu schaffen.

Aufnahme: April 1993
Beckengröße: 240 x 60 x 60 cm
Inhalt: 864 l
Einrichtung/Pflege
- Beleuchtung: 4 x 110 W
- Beleuchtungsdauer: 10 Std./Tag
- Filter: Topfaußenfilter, Filtersand mit großer Oberfläche,
- Bodengrund: Meeressand mit Düngerzusatz
- CO_2-Düngung: 3 x Zerstäuber und Reaktor (5 Blasen pro Sekunde)
- Wasserwechsel: 1/2 wöchentlich

Wasserwerte
- Temperatur: 26 °C
- pH-Wert: 6,8
- Gesamthärte (GH): 2 °dH
- Karbonathärte (KH): 3 °dH

Fische:
- *Paracheirodon simulans*

Pflanzen:
- *Glossostigma elatinoides, Eleochalis acicularis, Riccia fluitans*

Hügellandschaft – 1. Akt

Ein vor fünf Monaten bepflanztes Becken. Inzwischen bedeckt Glossostigma elatinoides *fast das ganze Holz. Eine Hügellandschaft ist zu erkennen.* Micranthemum micranthemoides *auf der linken Seite ist ebenfalls gut angewachsen. Erst mit fortschreitendem Wachstum der Pflanzen entsteht in diesem Aquarium die beabsichtigte Wirkung.*

Aufnahme: April 1992
Beckengröße: 240 x 60 x 60 cm
Inhalt: 864 l
Einrichtung/Pflege
- Beleuchtung: 4 x 110 W
- Beleuchtungsdauer: 10 Std./Tag
- Filter: Topfaußenfilter, Filtersand mit großer Oberfläche,
- Bodengrund: Meeressand mit Düngerzusatz
- CO_2-Düngung: 3 x Zerstäuber und Reaktor (5 Blasen pro Sekunde)
- Wasserwechsel: 1/2 alle 10 Tage

Wasserwerte
- Temperatur: 26 °C
- pH-Wert: 6,9
- Gesamthärte (GH): 2 °dH
- Karbonathärte (KH): 2 °dH

Fische:
- *Paracheirodon axelrodi*

Pflanzen:
- *Glossostigma elatinoides, Riccia fluitans, Sagittaria subulata* var. *pusllla, Cyperus helferl, Sagltta-ria natans, Echinodorus uruguaiensis, Fontinalis antipyretica, Micranthemum, micranthemoides*

Hügellandschaft – 2. Akt

Dieses Bild zeigt das gleiche Becken wie auf der Vorseite, aber sieben Monate später. Glossostigma elatinoides *und* Riccia fluitans *wuchsen so sehr, daß das Holz fast nicht mehr zu sehen ist. Leider wurde* Micranthemum micranthemoides *von der stark wachsenden Riccia fluitans völlig überwuchert und verschwand. In diesem Stadium scheint die Hügellandschaft schon fast vollendet zu sein.*

Aufnahme: Juni 1992
Beckengröße: 240 x 60 x 60 cm
Inhalt: 864 l
Einrichtung/Pflege
- Beleuchtung: 4 x 110 W
- Beleuchtungsdauer: 10 Std./Tag
- Filter: Topfaußenfilter, Filtersand mit großer Oberfläche,
- Bodengrund: Meeressand mit Düngerzusatz
- CO_2-Düngung: 3 x Zerstäuber und Reaktor (6 Blasen pro Sekunde)
- Wasserwechsel: 1/2 alle 10 Tage

Wasserwerte
- Temperatur: 26 °C
- pH-Wert: 6,8
- Gesamthärte (GH): 2 °dH
- Karbonathärte (KH): 3 °dH

Fische:
- *Paracheirodon axelrodi*

Pflanzen:
- *Glossostigma elatinoides, Riccia fluitans, Sagittaria subulata* var. *pusilla, Cyperus helferi, Sagittaria natans, Echinodorus uruguaiensis, Fontinalis antipyretica*

Eleganz und Anmut – Diskusfische

Die Farben der Rotkopfsalmler und des türkisblauen Diskus harmonieren ausgezeichnet, weswegen ich diese Fische oft gemeinsam im Aquarien halte. Die Auswahl der Pflanzen war ungleich schwieriger, da unklar war, zu welchen Wasserpflanzen die türkisblauen Diskusfische passen würden. Ich arbeitete sehr lange an der Gestaltung dieser Anlage und an der Auswahl der Farben.

Aufnahme: Juli 1992
Beckengröße: 180 x 160 x 90 cm
Inhalt: 2590 l
Einrichtung/Pflege
- Beleuchtung: 15 x 40 W
- Beleuchtungsdauer: 12 Std./Tag
- Filter: Topfaußenfilter, Filtersand mit großer Oberfläche,
- Bodengrund: Meeressand mit Düngerzusatz
- CO_2-Düngung: 4 x Zerstäuber und Reaktor (7 Blasen pro Sekunde)
- Wasserwechsel: 1/2 wöchentlich

Wasserwerte
- Temperatur: 27 °C
- pH-Wert: 7,0
- Gesamthärte (GH): 2 °dH
- Karbonathärte (KH): 3 °dH

Fische:
- *Symphysodon aequifasciata* var., *Petitella georgiae*

Pflanzen:
- *Glossostigma elatinoides, Eleochalis acicularis, Microsorium pteropus, Cryptocoryne balansae, Echinodorus horemanii, Crinum natans* var., *Crinum calamistratum, Cryptocoryne retrospiralis*

Biographie

Takashi Amano, geboren am 18. Juli 1954, in Japan.

Takashi Amano: „Es ist unmöglich die Schönheit der Natur anderen zugänglich zu machen, wenn man selbst unfähig ist, den kleinen und kleinsten Lebewesen in der Natur Liebe entgegenzubringen."
Dies ist die Haltung des Mannes, der die Firma „Aqua Design Amano" leitet, die sich auf die Produktion und Kultur von Wasserpflanzen spezialisiert hat. Neben seiner Arbeit in der Firma veröffentlicht Takashi Amano viele Essays und Fotografien für Fachzeitschriften und spezielle Publikationen. Er fördert und produziert gleichzeitig Naturaquarien.
Schon als Kind interessierte sich Takashi Amano sehr für Tiere und Wasserpflanzen und erhielt noch zu Schulzeiten den höchsten Preis seiner Präfektur für die Veröffentlichung seiner Studien über den *„Macropodus chinensis"*. Damals begann Takashi Amano tropische Fische zu züchten.
Mit dem ihm eigenen starken Interesse an der Natur versuchte er seine Aquarien möglichst naturgetreu zu gestalten und verbesserte durch genaues Beobachten der Natur ständig seine gestalterischen Fähigkeiten.
Seine Leistungen auf dem Gebiet der Fotografie werden ebenfalls hoch geschätzt. In frühen Jahren gewann er viele Preise für seine Fotografien, unter anderem 1992 den ersten Preis im „Fuji-Film-Wettbewerb der Naturfotos" mit dem Foto „Tanz der Dämonen" und 1993 den zweiten Preis im „Wettbewerb der Unterwasserfotos" mit dem Foto „Dämonenwächter". Vor kurzem hat er sein Interesse für die Welt der mikroskopischen Aufnahmen entdeckt.

Die Deutsche Bibliothek – CIP-Einheitsaufnahme
Amano, Takashi:
Faszinierendes Aquarium : Landschaften unter Wasser / Takashi Amano. – Augsburg : Naturbuch-Verl., 1996
ISBN 3-89440-224-5
NE: HST

Titel der japanischen Originalausgabe: Natur Aquarium World II

Gedruckt auf chlorfrei gebleichtem Papier.

Naturbuch Verlag

Übersetzung: Christina Müller, Günther Veyl, Ann N. Gohara-Wallner, Bernhard Wallner
Layout: Vera Faßbender, Weltbild Verlag, Augsburg
Umschlaggestaltung: Parzhuber & Partner, München
Fotos: Takashi Amano
Satz: Gesetzt aus der 10/11,5 P. Rotis sans serif von satz-studio gmbh, Bäumenheim
Reproduktion: Litho-Art, München
Druck und Bindung: Interdruck Graphischer Großbetrieb GmbH
Printed in Germany

ISBN 3-89440-224-5